你的身體，
不可或缺的分子

賀爾蒙、營養素、基因、酵素……210種維持人體機能的生物圖解

鈴木裕太 著　川畑龍史 監修　楊家昌 譯

| 前　言 |

　　在每天與他人閒話家常的過程中，我們經常會聽到許多與營養素相關的主題。例如，減「醣」低碳瘦身法在近年來大為盛行；越來越多人開始注重以攝取「蛋白質」為中心的飲食生活；其他有還像是「某胺基酸有燃燒脂肪的功效」、「某激素有助於改善睡眠品質」等，都是社會大眾所廣泛討論的話題。

　　然而，大多數人其實並不太了解這些物質的結構是什麼，以及它們能在體內發揮哪些作用。

　　隨著社會大眾對營養的相關知識越感興趣，身為自由作家的我，也有更多機會撰寫有關於營養或醫療的報導，其中最令我感到苦惱的，是蛋白質、脂肪酸、激素等人體化學物質的調查研究，這些物質涉及到醫學、生物化學、營養學等廣泛的學問領域，各領域的解釋也有所不同。因此，要仔細確認哪些資訊是正確的，是相當困難的事情。此外，我也發現到正在學習上述領域相關知識的學生們，也跟我一樣有同樣的煩惱。

　　因此，本書將在體內發揮作用的化學物質統稱為「生物分子」，並從生物化學、解剖生理學、營養學等角度，根據實證將主要資訊分為兩個單

元,並透過淺顯易懂的插圖,詳細介紹與解說生物分子的功能。

第一單元以「組成身體的物質」為主題,主要論述蛋白質、脂質、醣類等三大營養素與代謝相關的物質。此外,在第二單元「維持身體機能的物質」中,介紹的重點為體內所分泌的激素。

不光是正在學習醫學或化學領域的學生,對於生命科學感到興趣的讀者來說,本書都是值得參考的入門書。讓我們透過本書的生動插畫,來好好了解更多樣化的生物分子世界吧!

最後,我要向負責監修本書的名古屋文理大學短期大學部副教授川畑龍史老師,以及所有付出努力與心血的人士,由衷表達感謝之意。

作者　鈴木裕太

本書的閱讀方法

本書精選了一些重新學習物理學所需要了解的用語！
而且透過插圖淺顯易懂地說明

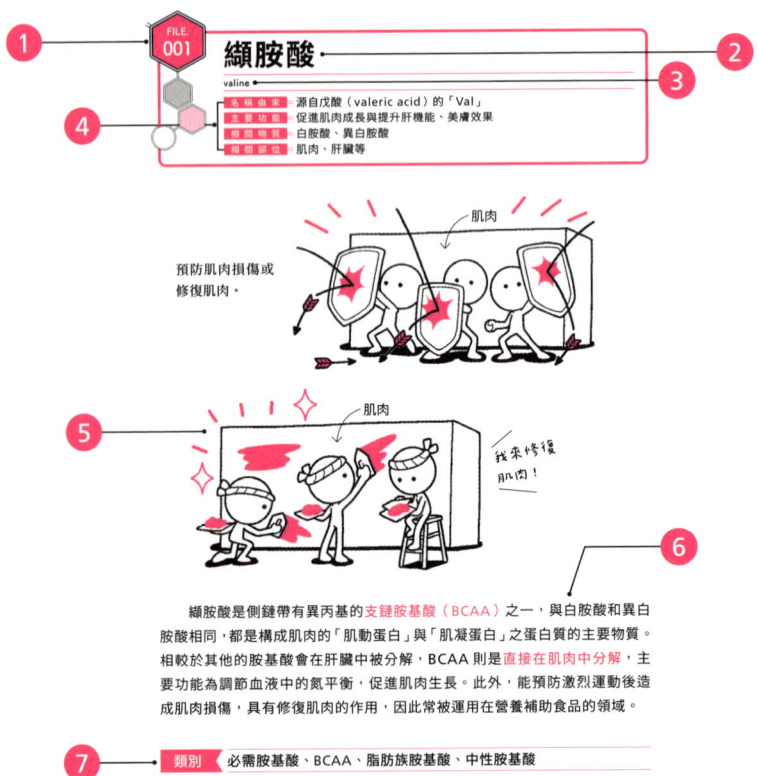

- ❶ **檔案編號**：本書各種物質的編號。
- ❷ **物質名稱**：記載該物質的通用名稱。
- ❸ **物質的英語標示**：記載該物質的英語標示。
- ❹ **基本資料**：介紹該物質名稱的由來，以及相關物質與身體部位。
- ❺ **插圖**：透過插圖解說該物質的主要功能。
- ❻ **內文**：詳細解說該物質的結構性特徵、作用與功能。
- ❼ **類別**：標示該物質的主要分類。

CONTENTS

前言 .... 2　　本書的閱讀方式 4

第1部　組成身體的物質

第1章　蛋白質 12

001 纈胺酸 14	025 凝乳酶 36
002 白胺酸 15	026 蛋白酶 37
003 異白胺酸 16	027 泛素 38
004 蘇胺酸 17	028 蛋白酶體 39
005 麩醯胺酸 18	029 組織蛋白酶 K 40
006 甘胺酸 19	030 丙酮酸 41
007 丙胺酸 19	031 草醯乙酸 42
008 絲胺酸 20	032 α-酮戊二酸 43
009 天門冬醯胺 21	033 瓜胺酸 44
010 離胺酸 22	034 精胺基琥珀酸 44
011 精胺酸 23	035 反丁烯二酸 44
012 天門冬胺酸 24	036 鳥胺酸 45
013 麩胺酸 24	**COLUMN**
014 甲硫胺酸 25	作為能量來源的 ATP 機制 46
015 半胱胺酸 26	**決定蛋白質特性的構造** 48
016 苯丙胺酸 27	037 角蛋白 50
017 酪胺酸 28	038 膠原蛋白 51
018 脯胺酸 29	039 微管蛋白 52
019 組胺酸 30	040 溶菌酶 53
020 色胺酸 31	041 肌動蛋白／肌凝蛋白 54
蛋白質的代謝 32	042 肌鈣蛋白／原肌凝蛋白 55
021 胰凝乳蛋白酶 34	**五種複合蛋白質** 56
022 胰蛋白酶 35	043 黏液素 57
023 彈性蛋白酶 35	044 鈣調蛋白 58
024 胃蛋白酶 36	**運輸蛋白** 56

第 2 章　醣類 … 60

- 045 葡萄糖 … 62
- 046 半乳糖 … 63
- 047 果糖 … 63
- 048 甘油醛 … 64
- 049 赤藻酮糖 … 64
- 050 阿拉伯糖 … 64
- 051 木糖 … 65
- 052 景天庚酮糖 … 65
- 053 甘露糖 … 65
- 054 蔗糖 … 66
- 055 麥芽糖 … 67
- 056 乳糖 … 67
- 057 澱粉 … 68
- 058 糊精 … 68
- 059 纖維素 … 69
- 060 肝醣 … 69

醣類代謝的基本原理 … 70
糖解的過程 … 72

- 061 六碳糖激酶 … 73
- 062 甘油醛 -3- 磷酸脫氫酶 … 73

檸檬酸循環 … 74

- 063 乙醯輔酶 A … 75
- 064 菸鹼醯胺腺嘌呤二核苷酸 … 76
- 065 黃素腺嘌呤二核苷酸 … 76
- 066 細胞色素 … 77

COLUMN
酒精是藥物還是毒物？其消化與吸收的機制 … 78

第 3 章　脂質 … 80

- 067 油酸 … 82
- 068 亞油酸 … 83
- 069 花生四烯酸 … 84
- 070 EPA/DHA … 85
- 071 α - 亞麻酸 … 86
- 072 磷脂 … 87
- 073 類固醇 … 88
- 074 膽固醇 … 89
- 075 膽酸 … 89
- 076 酮體 … 90

其他的天然脂肪酸 … 91
脂質的代謝過程 … 92

- 077 三酸甘油酯 … 94
- 078 解脂酶 … 94
- 079 甘油 … 95
- 080 微胞 … 96

膽固醇的合成 … 97

第 4 章　酵素 … 98

氧化還原酶 … 100
- 081 乳酸脫氫酶 … 101
- 082 細胞色素 c 氧化酶 … 101

轉移酶 … 102
- 083 轉胺酶 … 103

水解酶 … 104

084 澱粉酶 ················· 105	異構酶 ··················· 109
085 胞漿素 ················· 105	091 消旋酶 ················· 110
086 酯酶 ··················· 106	092 順反異構酶 ············· 110
087 醣苷水解酶 ············· 106	**合成酶**
088 磷脂酶 ················· 106	093 天門冬醯胺合成酶 ······· 112
解離酶 ··················· 107	094 麩醯胺酸合成酶 ········· 112
089 醛縮酶 ················· 108	**什麼是輔酶？** ············· 113
090 脫羧酶 ················· 108	

第 5 章　血液與尿　　　　　　　　　　114

095 血紅素 ················· 116	106 胞漿素源 ··············· 127
096 膽紅素 ················· 117	107 尿激酶 ················· 127
白血球的特徵 ············· 118	108 組織纖溶酶原活化劑 ····· 127
097 白血球 ················· 119	**尿的排泄與成分** ··········· 128
血漿 ··················· 120	109 尿素 ··················· 130
098 白蛋白 ················· 121	110 尿酸 ··················· 130
099 球蛋白 ················· 122	111 肌酸 ··················· 131
100 脂蛋白 ················· 123	112 肌酸酐 ················· 131
101 纖維蛋白原 ············· 124	113 嘌呤 ··················· 132
血液的凝固機制 ··········· 125	114 尿膽素 ················· 133
102 凝血活酶 ··············· 126	115 吲苷 ··················· 134
103 凝血酶原 ··············· 126	116 馬尿酸 ················· 134
104 肝素 ··················· 126	117 草酸 ··················· 134
105 水蛭素 ················· 126	**排便的原理與成分** ········· 135

第 6 章　維他命與礦物質　　　　　　　　136

維他命 ··················· 138	123 硫胺 ··················· 143
118 視黃醇 ················· 139	124 蒜硫胺素 ··············· 143
119 β-胡蘿蔔素 ············· 139	125 核黃素 ················· 144
120 麥角鈣化醇／膽鈣化醇 ··· 140	126 吡哆醇 ················· 145
121 生育酚／生育三烯酚 ····· 141	127 氰鈷胺 ················· 145
122 葉綠醌／甲萘醌 ········· 142	128 菸鹼酸 ················· 146

129	葉酸	147	139 氯	156
130	泛酸	148	140 銅	157
131	維生素 C	149	141 鋅	157
礦物質		150	142 硒	158
132	鈣	152	143 錳	158
133	鈉	153	144 碘	159
134	鐵	154	145 氟	159
135	鎂	154	146 鈷	160
136	磷	155	147 鉻	160
137	鉀	155	148 鉬	161
138	硫	156		

第 7 章　組成其他器官的物質　162

149 白血球介素	164	胃的構造與消化液　171
呼吸系統　165		155 內在因子　172
150 界面活性劑	166	156 胃蛋白酶原　173
151 氧合血紅素	167	**感覺系統所扮演的角色與眼球的構造**　174
152 碳醯胺基血紅素	167	157 視紫質　175
牙齒的構造與成分　168		158 視紫藍質　176
153 羥磷灰石	169	
154 夏庇氏纖維	170	

第 2 部　維持身體機能的物質

什麼是激素？　178

第 1 章　腦 × 激素　182

159 生長激素	184	162 腦啡肽　188
160 催乳素	185	163 血管加壓素　189
下視丘激素　186		164 催產素　190
161 腦內啡	187	**調節激素的分泌**　191

165 瘦體素 192	168 多巴胺 195
166 褪黑激素 193	169 腺苷 196
167 血清素 194	

第 2 章　甲狀腺 × 激素 197

170 甲狀腺激素 199	172 副甲狀腺素 201
171 降鈣素 200	

第 3 章　腎上腺皮質、髓質 × 激素 202

173 糖皮質激素 204	176 腎上腺素 207
174 礦物皮質素 205	177 正腎上腺素 208
175 性激素 206	

第 4 章　性腺 × 激素 209

178 雌激素 211	182 前列腺素 215
179 黃體素 212	183 睪固酮 216
180 抑制素／活化素 213	184 二氫睪固酮 217
181 鬆弛素 214	胎盤激素 218

第 5 章　內臟器官 × 激素 219

185 胰島素 221	191 膽囊收縮素 225
186 升糖素 222	192 腸泌素 226
187 體抑素 223	193 胃動素 227
188 胰多肽 223	194 心房利尿鈉肽 228
189 胃泌素 224	195 腎素 229
190 胰泌素 225	196 紅血球生成素 230

第 6 章　神經系統與其他的器官 × 激素 231

197 乙醯膽鹼 233	198 大麻素 234

199	組織胺 ……………………… 235	201	胸腺激素 ……………………… 237
200	髓磷脂 ……………………… 236		

第 7 章　基因 …………………………………………… 238

202	DNA（去氧核糖核酸）……… 240	206	轉運核糖核酸 ……………… 245
203	DNA 拓撲異構酶 ……………… 241	207	抑制子 ……………………… 246
204	DNA 聚合酶 …………………… 242	208	活化子 ……………………… 247
DNA 轉錄為 RNA 的機制 …………… 243		209	核糖核酸酶 ………………… 248
205	信使核糖核酸 ……………… 244	210	去氧核糖核酸酶 …………… 249

參考文獻

■ 書籍

- 坂本順司著《最淺顯易懂的生物化學》(『いちばんやさしい生化学』) 講談社
- 平山令明著《彩色插圖：從分子等級所見的身體功能》(『カラー図解 分子レベルで見た体のはたらき』) 講談社
- 紺野邦夫、竹田稔、富樫裕著《教育用途生物化學圖解》(『教養のための図説生化学』) 實教出版
- 山内兄人著《激素的人類科學》(『ホルモンの人間科学』) CORONA 社
- 河田光博、小澤一史、上田陽一編《人體構造、機能與疾病的起源 營養解剖生理學》(『人体の構造と機能及び疾病の成り立ち 栄養解剖生理学』) 講談社
- 山口達明、瀧口泰之、柏田歩、島崎俊明編著《生物分子化學—從有機化學到生命科學》(『生体物質の化学—有機化学から生命科学へ—』) 三共出版
- 稻垣賢二監修，生物化學新銳研究者之會著《僅只如此！生物化學第二版》(『これだけ！生化学 第 2 版』) 秀和 SYSTEM
- 石浦章一著《蛋白質的厲害之處：維持身心健康的蛋白質秘密》(『タンパク質はすごい！～ 心と体の健康をつくるタンパク質の秘密 ～』) 技術評論社
- 小城勝相著《何謂生命所需的氧氣？探索維持生命的中心物質作用》(『生命にとって酸素とは何か 生命を支える中心物質の働きを探る』) 講談社
- 川畑龍史、濱路政嗣著《為什麼呢？從實據了解解剖學和生理學的五十個要點》(『なんでやねん！根拠がわかる解剖学・生理学要点 50』) MEDICA 出版
- 中嶋洋子著《修訂版 營養教科書》(『改訂版 栄養の教科書』) 新星出版社
- 渡邊早苗、板倉弘重監修《生活的營養學》(『暮らしの栄養学』) 日本文藝社
- 中村丁次監修《最新版 對身體產生效用的營養成分聖經》(『最新版 からだに効く栄養成分バイブル』) 主婦與生活社
- 藤井義晴著《最新片假名營養素百科》(『最新カタカナ栄養素事典』) 主婦之友社
- 佐藤達夫監修《新版 身體地圖集》(『新版 からだの地図帳』) 講談社
- 池田黎太郎監修、市毛 Miyuki、杉田克夫著《元素名語源集》(『元素名語源集』) SCIENCE STUDIO CHIBA

■ 網站

- e-healthnet（厚生勞働省）https://www.e-healthnet.mhlw.go.jp/
- MSD MANUALS 家庭版・專業版 https://www.msdmanuals.com/

第 1 部

組成身體的物質

第 1 部　組成身體的物質

第 1 章

蛋白質

蛋白質在體內產生各種反應，
以支持動物和人類的生命活動。
蛋白質是由20種的胺基酸組合而成，
具有多樣的種類與功能。
為了更加了解蛋白質的作用，
首先要帶大家認識胺基酸的構造。

INTRODUCTION

 維持生命活動的多樣化蛋白質

　　蛋白質的英文「protein」源自希臘文「proteios」，為「最重要的物質」之意，作為動物的必需營養素，可說是最重要的有機化合物。此外，蛋白質是在生物體內引發化學反應的酵素或激素的主要原料，典型的例子包含源自牛奶的酪蛋白、蛋清中所含有的白蛋白、澱粉的成分麩質，以及構成毛髮和指甲的角蛋白等。蛋白質有各式各樣的種類，透過胺基酸的結合或序列的差異，使蛋白質能夠在體內發揮多種功能。

胺基酸的基本構造

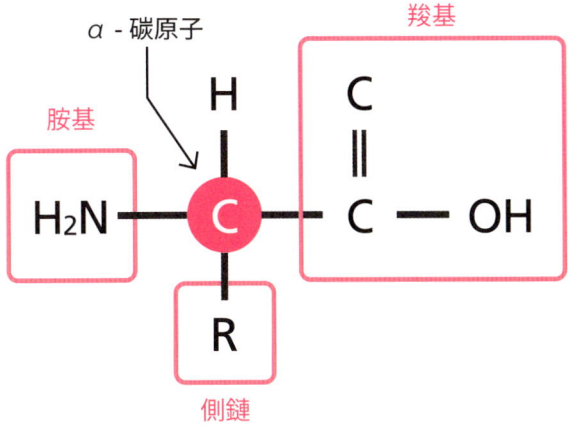

胺基酸依照支鏈種類的不同，分為難溶於水的疏水性，以及易溶於水的親水性。

 影響功能的胺基酸構造

　　人體所需的胺基酸有 20 種，其中在體內能自行合成的稱為「非必需胺基酸」，只能透過食物來攝取的稱為「必需胺基酸」。胺基酸的構造是由胺基、羧基、側鏈所組成。此外，胺基酸又有 L 型和 D 型 的區別，如上圖所示，從 α - 碳原子的角度來看，胺基酸的構造就像是左右對稱且互為鏡像的左右手，又稱為光學異構物。

　　蛋白質是透過各種胺基酸連接所產生，此連接結構稱為肽鏈。另外，未經肽鏈連接的胺基被稱為 N 端，羧基則被稱為 C 端，依構造或連接方式的不同，胺基酸可分為脂肪族胺基酸、芳香族胺基酸等類別。

> **POINT**
> ▶ 依照胺基酸的連接或序列的差異，作用或機能各有不同。
> ▶ 胺基酸是由胺基、羧基、側鏈所組成。
> ▶ 依據構造的不同，可分為脂肪族胺基酸與芳香族胺基酸。

FILE. 001 纈胺酸

valine

名稱由來	源自戊酸（valeric acid）的「Val」
主要功能	促進肌肉成長與提升肝機能、美膚效果
相關物質	白胺酸、異白胺酸
相關部位	肌肉、肝臟等

預防肌肉損傷或修復肌肉。

肌肉

肌肉

我來修復肌肉！

　　纈胺酸是側鏈帶有異丙基的**支鏈胺基酸（BCAA）**之一，與白胺酸和異白胺酸相同，都是構成肌肉的「肌動蛋白」與「肌凝蛋白」之蛋白質的主要物質。相較於其他的胺基酸會在肝臟中被分解，BCAA 則是**直接在肌肉中分解**，主要功能為調節血液中的氮平衡，促進肌肉生長。此外，能預防激烈運動後造成肌肉損傷，具有修復肌肉的作用，因此常被運用在營養補助食品的領域。

類別 必需胺基酸、BCAA、脂肪族胺基酸、中性胺基酸

FILE. 002 白胺酸

leucine

- **名稱由來** = 源自希臘文「leuco」,為「白色」之意
- **主要功能** = 促進肌肉成長與提升肝機能、舒緩壓力
- **相關物質** = 纈胺酸、異白胺酸
- **相關部位** = 肌肉、肝臟等

跟纈胺酸同為BCAA之一,是具<u>維持與恢復肌力功能</u>的必需胺基酸。幾乎所有的蛋白質都含有白胺酸,但玉米醇溶蛋白約含有25%、血紅素約含有29%、酪蛋白約含有9%,這些都是白胺酸含量較多的蛋白質。白胺酸能促進肝臟中的白蛋白合成,並具有肝細胞生長因子的產生和分泌作用,<u>提升肝機能</u>的效果令人期待。此外,白胺酸也具有調節蛋白質代謝的功能,與幼兒的成長息息相關。

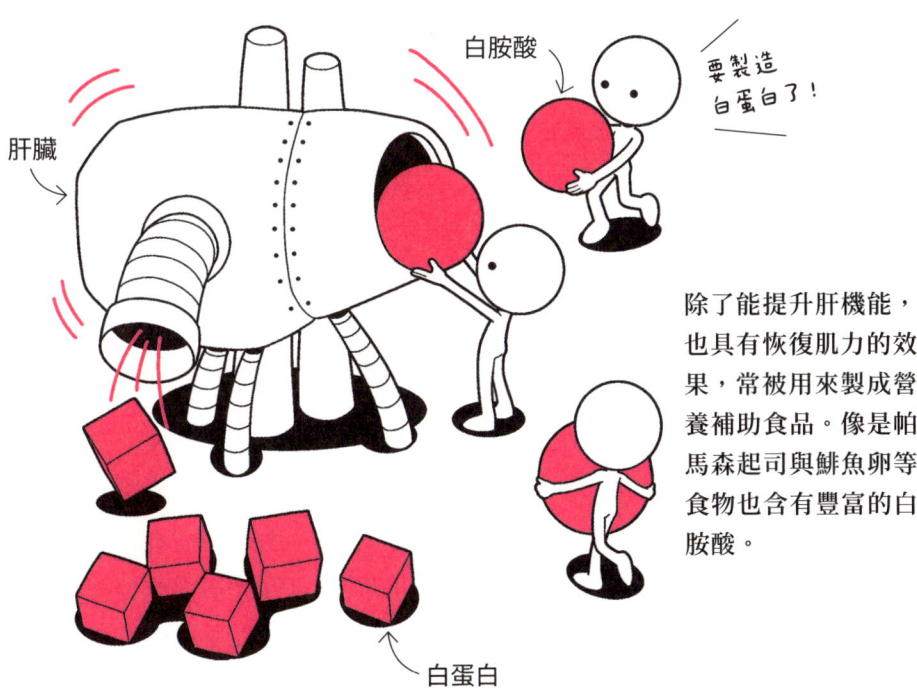

除了能提升肝機能,也具有恢復肌力的效果,常被用來製成營養補助食品。像是帕馬森起司與鯡魚卵等食物也含有豐富的白胺酸。

類別 必需胺基酸、BCAA、脂肪族胺基酸、中性胺基酸

第1章 蛋白質

FILE. 003 異白胺酸

isoleucine

名 稱 由 來	希臘文「iso」（相同之意）和白胺酸的組合
主 要 功 能	促進肌肉成長與提升肝機能、促進甲狀腺激素分泌
相 關 物 質	纈胺酸、白胺酸
相 關 部 位	肌肉、肝臟、血液、甲狀腺等

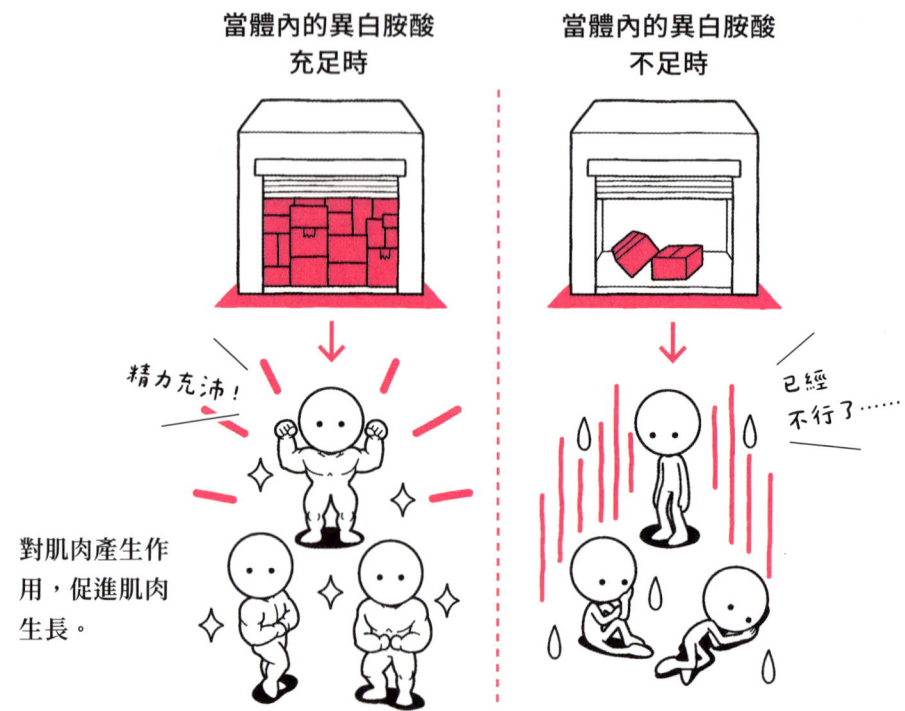

當體內的異白胺酸充足時　　當體內的異白胺酸不足時

精力充沛！　　已經不行了……

對肌肉產生作用，促進肌肉生長。

　　異白胺酸是 白胺酸的結構異構物（分子量相同但結構不同），也是 BCAA 的一種，主要對肌肉產生作用。與白氨酸不同的是，異白胺酸有兩個不對稱碳原子（由四種不同原子所組成的碳原子），它具有促進骨骼肌吸收血糖（P.62）的作用，進而降低血糖值。此外，異白胺酸也與幫助肌肉或身體成長的 促進甲狀腺激素分泌 息息相關。

| 類別 | 必需胺基酸、BCAA、脂肪族胺基酸、中性胺基酸 |

FILE.004 蘇胺酸

threonine

名 稱 由 來	因結構與醣類的蘇糖酸（threonic acid）相似而得名
主 要 功 能	預防脂肪囤積、改善胃炎、美膚效果
相 關 物 質	絲胺酸、甘胺酸等
相 關 部 位	胃、肝臟、肌肉等

蘇胺酸是帶有羧基的必需胺基酸，分子內擁有兩個不對稱碳原子，能**促進新陳代謝與成長，並抑制脂肪囤積**。蘇胺酸具調節胃酸分泌平衡的功用，同時能預防胃炎。豬肉或雞肉等**動物性蛋白質含有大量的蘇胺酸**，從營養學的角度來看，也是日本人較為欠缺的營養素。

胃酸正在流動

得趕快修復才行！

發炎

蘇胺酸的已知功用是抑制胃酸分泌與發炎，同時也是構成生長毛髮的角蛋白之蛋白質所需的胺基酸。

| 類別 | 必需胺基酸、脂肪族胺基酸、中性胺基酸、羥基胺基酸 |

第1章 蛋白質

麩醯胺酸

glutamine

名 稱 由 來	由於從小麥麩質所發現而得名
主 要 功 能	運輸氨、提升肝機能、美膚效果
相 關 物 質	氨、α-酮戊二酸等
相 關 部 位	胃、腸等

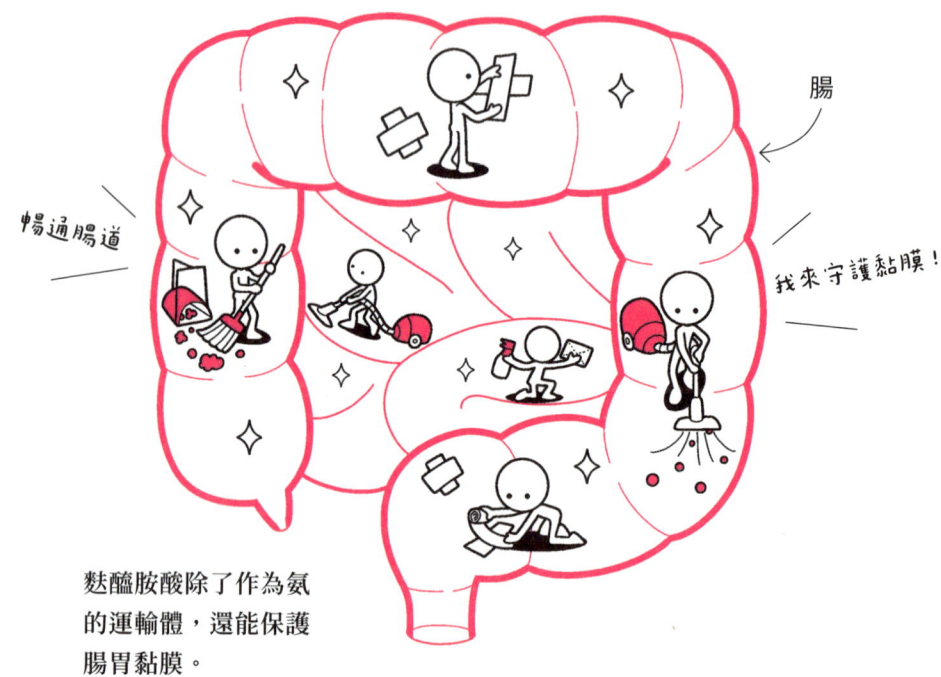

麩醯胺酸除了作為氨的運輸體，還能保護腸胃黏膜。

　　麩醯胺酸為非必需胺基酸，在人體中是含量最豐富的胺基酸，透過**麩胺酸與氨生物合成**所產生，作為**氨的運輸體**，是生物體內扮演重要作用的胺基酸。此外，麩醯胺酸有助於氮代謝，為腸道提供能量，並維持肝臟中麩胱甘肽（與麩胺酸、半胱胺酸和甘胺酸結合的胺基酸）的濃度，也具有保護腸胃黏膜或幫助腸胃細胞合成的功能，因而被運用在製作藥物的領域。

類別　**非必需胺基酸、脂肪族胺基酸、中性胺基酸**

FILE. 006 甘胺酸

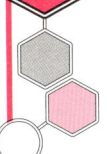

glycine

名稱由來	源自希臘文「glykys」，意思是「甜的」
主要功能	傳遞神經物質、解毒作用、幫助進入深層睡眠
相關物質	膠原蛋白、DNA、RNA 等
相關部位	脊椎、腦幹、肝臟等

甘胺酸是胺基酸中**最小的非必需胺基酸**，側鏈含氫，結構簡單，沒有結構異構物。甘胺酸大量存在於脊椎和腦幹中，作為**中樞神經系統的抑制性神經傳導物質**，具有提高睡眠品質的效果。

類別 非必需胺基酸、脂肪族胺基酸、中性胺基酸

FILE. 007 丙胺酸

alanine

名稱由來	由於透過乙醛合成，源自醛（aldehyde）一詞
主要功能	分解酒精、產生葡萄糖
相關物質	麩胺酸、葡萄糖等
相關部位	肝臟、血液等

丙胺酸是僅次於甘胺酸的**第二小胺基酸**，是由麩胺酸與丙酮酸生物合成所產生，具促進酒精分解的功能，人在運動的時候，血液中的丙胺酸會**產生構成能量來源的葡萄糖**。

類別 非必需胺基酸、脂肪族胺基酸、中性胺基酸

FILE. 008 絲胺酸

serine

名 稱 由 來	源自拉丁文「sericum」,為「絲綢」之意
主 要 功 能	美膚效果、幫助進入深層睡眠等
相 關 物 質	甘胺酸、肌酸、葡萄糖等
相 關 部 位	皮膚、腦等

　　側鏈帶有羥甲基的非必需胺基酸,在生物體內與甘胺酸相互轉化,也參與肌酸、葡萄糖等合成,在代謝中扮演重要角色。皮膚角質層中含有最多的絲胺酸,具維持皮膚滋潤的作用,因而被運用於化妝品的領域。絲胺酸也含有豐富的酪蛋白,酪蛋白約佔牛奶中蛋白質的80％,有望改善睡眠品質。

絲胺酸被廣泛運用在化妝品或營養補助食品的領域,是生物體內代謝運作所不可或缺的物質。

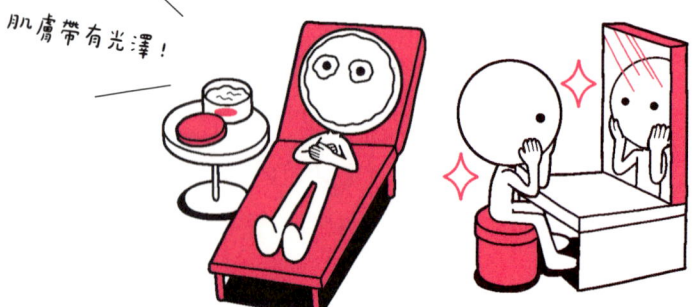

類別	非必需胺基酸、脂肪族胺基酸、中性胺基酸、羥基胺基酸

FILE. 009 天門冬醯胺

asparagine

名稱由來	因蘆筍中含有大量成分而得名
主要功能	利尿、提升耐力等
相關物質	天門冬胺酸、肝醣等
相關部位	肝臟、肌肉等

第1章 蛋白質

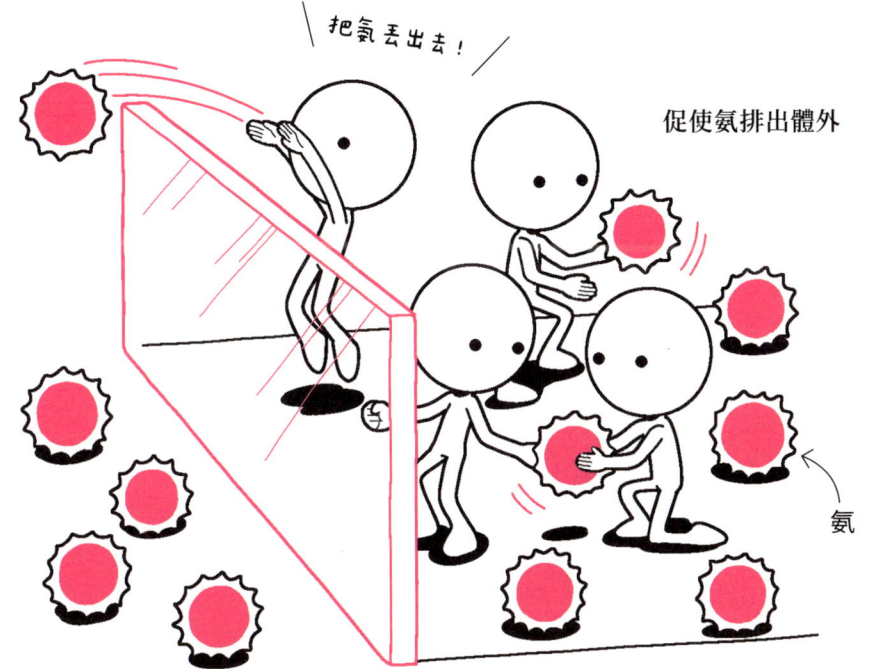

把氨丟出去！

促使氨排出體外

氨

　　側鏈帶有醯胺鍵的非必需胺基酸，會與天門冬胺酸進行氨交換，跟氨代謝有關，具有保護中樞神經系統的功能。此外，天門冬醯胺對檸檬酸循環產生作用，可抑制乳酸的產生，加上能促進能量代謝，因此有研究報告指出，天門冬醯胺能有效提升運動時的耐力。近年來，有學者正在研究天門冬醯胺與癌細胞轉移的關係。

類別 非必需胺基酸、脂肪族胺基酸、中性胺基酸

FILE. 010 離胺酸

lysine

名 稱 由 來	= 源自酪蛋白的水解物「lysis」
主 要 功 能	= 荷爾蒙的生物合成、吸收蛋白質、燃燒脂肪等
相 關 物 質	= 白蛋白、葡萄糖等
相 關 部 位	= 肌肉、腦、毛髮等

我帶離胺酸來了！

離胺酸不足時容易引發疲勞或眼睛充血等症狀。

　　側鏈帶有胺基的必需胺基酸之一，雖然存在於大多數的蛋白質中，但據說離胺酸是稻米和小麥中含量較少，人體容易攝取不足的胺基酸。離胺酸是參與身體組織修復、激素的生物合成等相關物質，並促進蛋白質的吸收和葡萄糖的代謝。另外，有研究報告指出，離胺酸具有提高專注力，以及提升肝機能的功能。

類別	必需胺基酸、鹽基性胺基酸

FILE. 011 精胺酸

arginine

名稱由來	源自希臘文「argyros」,為「銀色」之意
主要功能	促進生長激素分泌、肌肉生長、提升免疫力等
相關物質	精胺基琥珀酸、生長激素等
相關部位	肌肉、腦等

第 1 章 蛋白質

　　側鏈帶有胍基的非必需胺基酸,作為尿素循環的中間體,是透過精胺基琥珀酸所合成。然而,由於嬰幼兒的體內無法合成所需的量,建議從食物中攝取。精胺酸具有促進生長激素分泌和肌肉生長等功能,也有研究報告指出,它可以增強對細菌和病毒的抵抗力,並攻擊癌細胞。

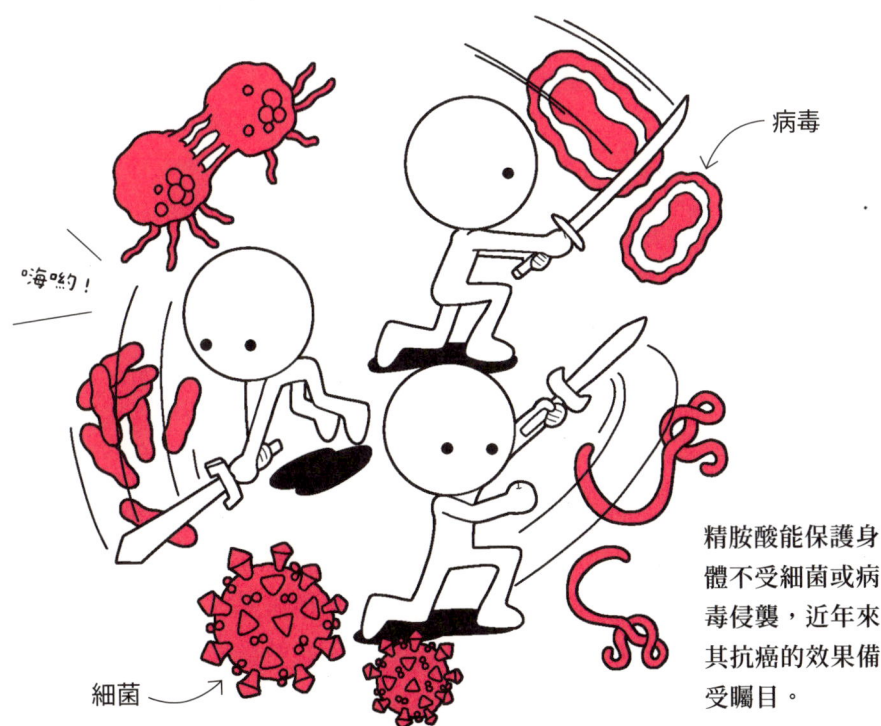

病毒

嗨喲!

精胺酸能保護身體不受細菌或病毒侵襲,近年來其抗癌的效果備受矚目。

細菌

| 類別 | 非必需胺基酸、鹽基性胺基酸 |

23

FILE. 012 天門冬胺酸

aspartic acid

名稱由來	與天門冬醯胺相同，皆源自蘆筍中發現的成分
主要功能	胺基酸的生物合成、活化三羧酸循環等
相關物質	麩胺酸、α-酮酸、α-酮戊二酸等
相關部位	小腦、脊髓等

MEMO
轉胺基作用，指的是胺基酸的胺基轉移為α-酮戊二酸，並產生麩胺酸與α-酮酸的反應。

側鏈帶有羧基的非必需胺基酸，天門冬胺酸會經由轉胺基作用，變成草醯乙酸。此外，天門冬胺酸在大腦皮質、小腦和脊髓中作為神經傳導物質產生作用，也有活化檸檬酸循環的功能。

檸檬酸循環

類別 必需胺基酸、鹽基性胺基酸

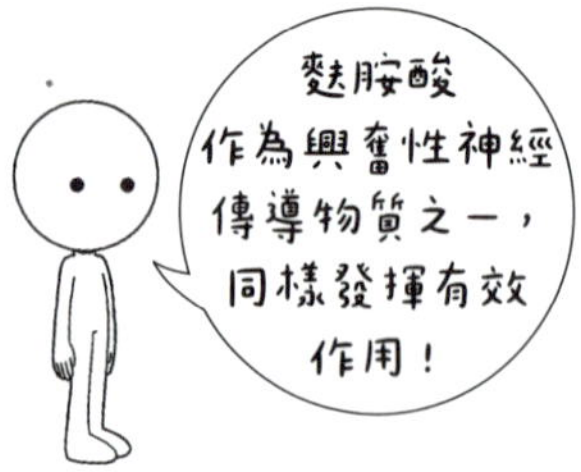

FILE. 013 麩胺酸

glutamic acid

名稱由來	跟麩醯胺酸相同，都是源自小麥麩質而得名
主要功能	分解胺基酸、氨的解毒作用等
相關物質	麩醯胺酸、α-酮戊二酸等
相關部位	腦部等

麩胺酸為非必需胺基酸，是分解體內多餘胺基酸的重要角色，它會接收所有的胺基，並與α-酮戊二酸等進行胺基轉移反應，簡單地說，麩胺酸把氨基給出去之後，就會變成α-酮戊二酸。麩胺酸還具有將腦內的**有害氨加以無毒化**的功能。

類別 非必需胺基酸、酸性胺基酸

甲硫胺酸

methionine

名 稱 由 來	源自側鏈的甲硫基
主 要 功 能	降低組織胺濃度、排出毒素和陳舊廢物等
相 關 物 質	半胱胺酸、mRNA 等
相 關 部 位	肝臟、血液、細胞等

甲硫胺酸可以降低引發過敏等症狀的組織胺濃度。

甲硫胺酸是含硫且側鏈帶甲硫基的必需胺基酸，其參與半胱胺酸與胺基酸化合物麩胱甘肽的生物合成，能降低引發過敏等症狀的組織胺血中濃度，排出囤積於肝臟的毒素或陳舊廢物，以及促進代謝等功能。此外，甲硫胺酸在 mRNA 中擔任開啟蛋白質合成的遺傳密碼（密碼子）編碼角色。

甲硫胺酸除了排出肝臟中的陳舊廢物，並具有促進代謝的作用。

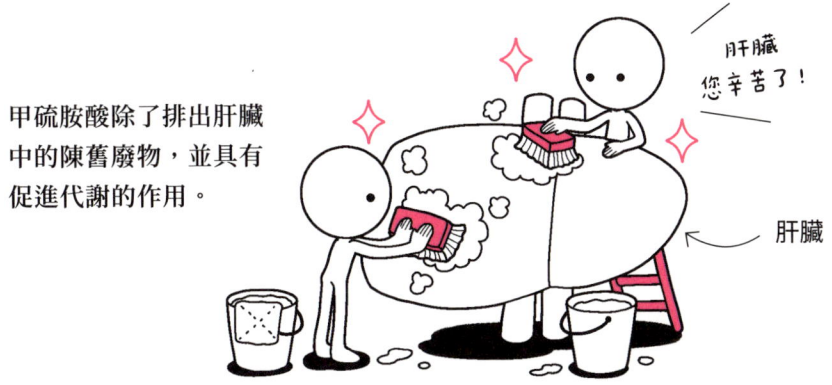

類別 必需胺基酸、脂肪族胺基酸、中性胺基酸、含硫胺基酸

第 1 章 蛋白質

FILE. 015 半胱胺酸

cysteine

名 稱 由 來	源自希臘文「kustis」,為「膀胱」之意
主 要 功 能	抗氧化作用、抑制黑色素產生等
相 關 物 質	甲硫胺酸、同半胱胺酸
相 關 部 位	肝臟、皮膚等

來搬運活性氧吧!

活性氧

半胱胺酸的功能是清除體內產生的活性氧。

　　甲硫胺酸透過羥甲基轉移反應成為同半胱胺酸,然後生成半胱胺酸。半胱胺酸跟甲硫胺酸一樣含有硫(S)原子,由於是在體內產生的,因此被歸類為非必需胺基酸。半胱胺酸具抑制活性氧的抗氧化作用,據研究報告指出,半胱胺酸可以有效抑制產生黑色素的酪胺酸酶。半胱胺酸經氧化結合後,會轉變為胱胺酸。

類別 必需胺基酸、脂肪族胺基酸、中性胺基酸、含硫胺基酸

FILE. 016 苯丙胺酸

phenylalanine

名 稱 由 來	源自於丙胺酸之側鏈氫原子被苯基置換的結構
主 要 功 能	激素的生物合成、改善憂鬱症等
相 關 物 質	酪胺酸、多巴胺等
相 關 部 位	腦、肝臟、神經系統等

第 1 章　蛋白質

　　苯丙胺酸是帶有苯環的必需胺基酸，可轉化為連接大腦和神經細胞的神經傳導物質，與腎上腺素和多巴胺等兒茶酚胺**興奮性激素的生物合成**有關。因此，苯丙胺酸可望改善憂鬱症。另外，苯丙胺酸**在肝臟中會轉化為酪胺酸**，大量存在於牛奶、雞蛋和肉類等食物中。

腦

來自神經細胞的包裹

神經細胞

苯丙胺酸作為神經傳導物質，是發送感覺等信號的胺基酸之一。

類別	必需胺基酸、中性胺基酸、芳香族胺基酸

27

FILE. 017 酪胺酸

tyrosine

名 稱 由 來	＝源自希臘文「tyri」，為「起司」之意
主 要 功 能	＝甲狀腺激素等物質的生成、減輕壓力等
相 關 物 質	＝苯丙胺酸、多巴胺等
相 關 部 位	＝腦、肝臟等

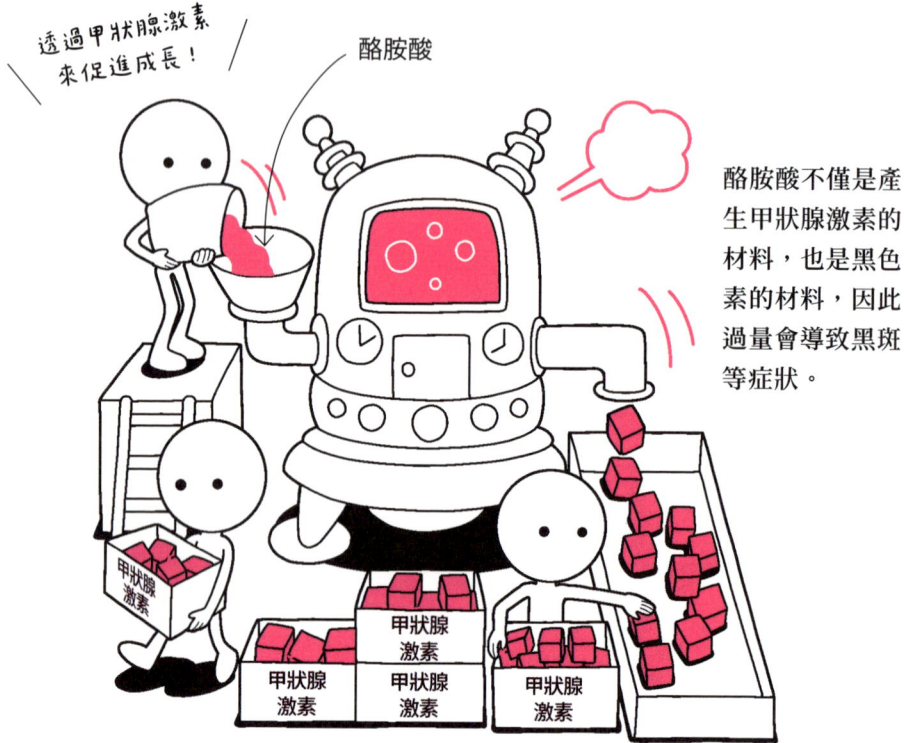

透過甲狀腺激素來促進成長！

酪胺酸

酪胺酸不僅是產生甲狀腺激素的材料，也是黑色素的材料，因此過量會導致黑斑等症狀。

　　酪胺酸是<u>由苯丙胺酸合成</u>的非必需胺基酸，特徵是帶有苯環，是製造促進人類成長或代謝的甲狀腺激素（甲狀腺素），以及皮膚或頭髮<u>黑色色素的材料</u>。另外，酪胺酸也是多巴胺和腎上腺素的前驅物，有提高專注力和減輕壓力的效果，像是竹筍和大豆等食物含有豐富的酪胺酸。

類別 非必需胺基酸、中性胺基酸、芳香族胺基酸

FILE. 018 脯胺酸

proline

名稱由來	源自吡咯烷-2-羧酸
主要功能	改善關節疼痛、美膚效果等
相關物質	甘胺酸、丙胺酸、麩胺酸、膠原蛋白等
相關部位	皮膚、關節等

第1章 蛋白質

脯胺酸是構成膠原蛋白的主要胺基酸，由於其獨特的結構，近年來對其生理功能的研究取得了進展。

膠原蛋白對皮膚益處多多喔

膠原蛋白

脯胺酸是構成皮膚的膠原蛋白原料

舒緩關節疼痛效果令人期待

　　脯胺酸是吡咯烷基與羧基結合的非必需胺基酸，在胺基酸中具有獨特的結構，是構成甘胺酸或丙胺酸與膠原蛋白的材料。根據報告指出，脯胺酸為透過麩胺酸與精胺酸之兩種路徑所合成，具有諸多生理功能，例如關節疼痛的改善效果或調節代謝機能等，都與脯胺酸息息相關。

類別 非必需胺基酸、中性胺基酸、環狀胺基酸

29

組胺酸

histidine

名稱由來	= 源自希臘文「histidine」，為「組織」之意
主要功能	= 提升腎功能、預防貧血等
相關物質	= 紅血球、組織胺等
相關部位	= 皮膚、關節等

雖然成年人的體內可以合成組胺酸，但由於合成速度較慢，因此組胺酸被列為必需氨基酸。此外，由於兒童的體內無法產生組胺酸，建議透過食物攝取。組胺酸的側鏈帶有咪唑基，具有影響腎功能、神經傳導、胃分泌等特性。組胺酸也是構成負責輸送氧氣或營養素的紅血球成分之一，預防貧血的效果顯著。

由於兒童的體內無法產生組胺酸，透過食物攝取相當重要。例如鮭魚、麵包、米等皆含有豐富的組胺酸。

| 類別 | 非必需胺基酸、鹼性胺基酸 |

FILE. 020 色胺酸

tryptophan

名 稱 由 來	源自希臘文「trno」，為「耗盡、消耗」之意
主 要 功 能	產生幫助睡眠的血清素等
相 關 物 質	吲哚乙酸、菸鹼酸等
相 關 部 位	腦、免疫系統等

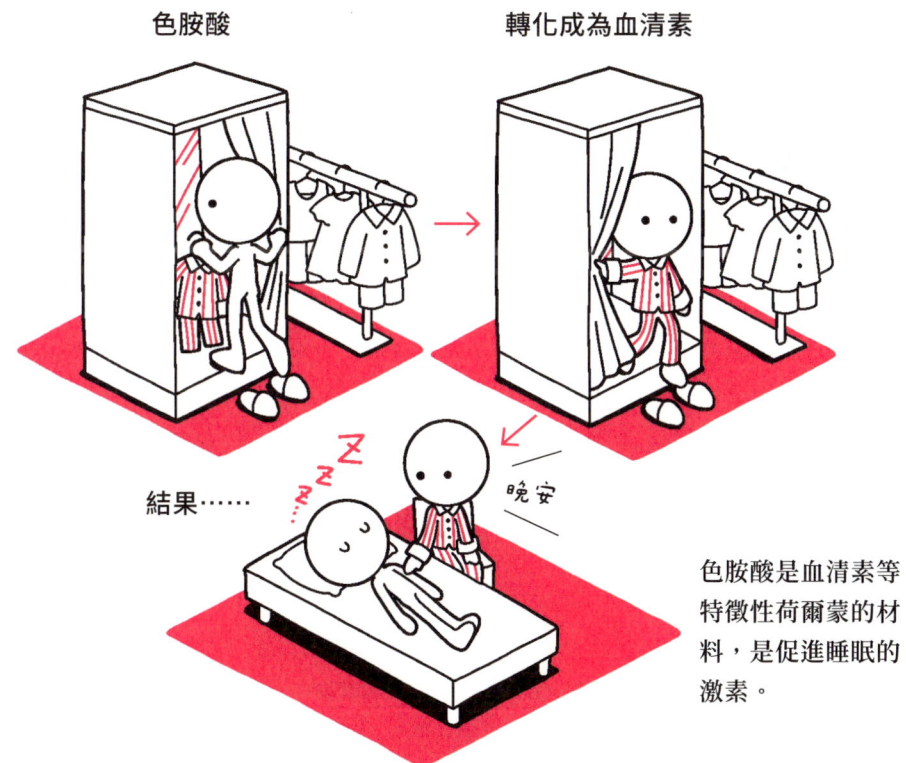

色胺酸　　　　　轉化成為血清素

結果……　　晚安

色胺酸是血清素等特徵性荷爾蒙的材料，是促進睡眠的激素。

　　色胺酸具有吲哚基，是**蛋白質中含量最低**的必需胺基酸。它會被運送到大腦，並在代謝過程中產生血清素、吲哚乙酸、菸鹼酸等中間產物。血清素具有**促進睡眠的效果**，有鎮定興奮或不適、穩定精神的作用，近年來因其助眠效果而被活用於營養補助食品的領域。

類別　必需胺基酸、中性胺基酸、芳香族胺基酸

第1章　蛋白質

31

蛋白質的代謝

為了使蛋白質在體內轉化為能量，
蛋白質必須與各種物質產生反應以進行代謝。

 蛋白質分解和吸收的途徑

　　蛋白質在體內會被酵素所分解，成為肌肉和內臟的驅動力。透過食物所攝取的蛋白質，進入胃部後被分解為容易受酵素作用的形式，然後在小腸被吸收。此時，蛋白質轉化為胺基酸，名為轉胺酶的酵素會去除胺基，產生麩胺酸，此反應稱為<u>轉胺基作用</u>。麩胺酸透過氧化脫胺反應釋放氨，而對身體有害的氨，則會在<u>尿素循環</u>中以尿素的形式排出體外。

 因轉胺基作用而產生作用的α-酮酸

　　<u>α-酮戊二酸</u>是α-酮酸的一種，在轉胺基作用中扮演重要角色。當胺基酸的胺基轉化為α-酮戊二酸後，胺基酸轉化為α-酮酸，接收胺基的α-酮戊二酸轉化為麩胺酸。α-酮酸是指α-碳原子為酮基的基質，α-碳原子的基質差異是影響分子性質的關鍵，也稱為官能基。如此一來，接收胺基的α-酮戊二酸會成為麩胺酸，並進行<u>氧化脫胺反應</u>。

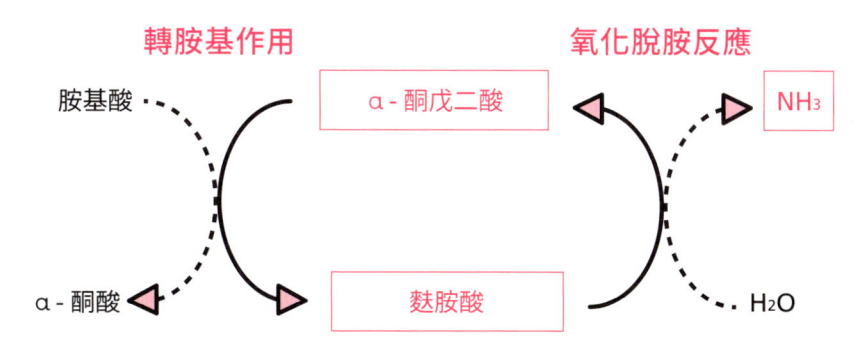

轉胺基作用與氧化脫胺反應

```
   胺基酸 ·.    .·  α-酮戊二酸        ·.    .· NH₃
           ╲  ╱                       ╲  ╱
            ╳                           ╳
           ╱  ╲                       ╱  ╲
   α-酮酸 ·    ·    麩胺酸           ·    ·  H₂O
       轉胺基作用                    氧化脫胺反應
```

胺基酸會因轉胺基作用與氧化脫胺反應而分解

可幫助分解的磷酸吡哆醛

　　要產生轉胺基作用，還需要其他的物質，也就是磷酸吡哆醛。磷酸吡哆醛是維生素 B6 的活性形式，可作為人體的肝醣磷解酶，從儲存的肝醣中釋放能量，它也負責眾多生物反應，例如神經傳導物質和血紅素的生物合成等。

製造α-酮戊二酸的氧化脫胺反應

　　接下來產生的是氧化脫胺反應，麩胺酸脫氫酶會將氫從麩胺酸中加以分離，並從胺基中釋放出來，形成 α-酮戊二酸。α-酮戊二酸會進入檸檬酸循環，並轉化為能量。

FILE. 021 胰凝乳蛋白酶

chymotrypsin

- **名稱由來** = 源自希臘文「tripsis」，為「摩擦、粉碎」之意
- **主要功能** = 分解芳香族胺基酸等肽鏈
- **相關物質** = 胰蛋白酶、彈性蛋白酶、酪胺酸、苯丙胺酸等
- **相關部位** = 胰臟、小腸等

芳香族胺基酸

就交給我們吧！
分解酪胺酸與苯丙胺酸

酪胺酸

酪胺酸

胰凝乳蛋白酶是分解芳香族胺基酸產生作用的分解酵素，由胰臟分泌，與胰蛋白酶和彈性蛋白酶產生作用。

　　胰凝乳蛋白酶是由胰臟分泌的蛋白酶，它在胰臟中作為胰凝乳蛋白酶原進行合成並分泌，被胰蛋白酶分解後產生活化。跟胰蛋白酶相同，由於胰凝乳蛋白酶會運用絲胺酸來切割蛋白質，因此被歸類為絲氨酸蛋白酶，主要具有水解酪胺酸、苯丙胺酸等較大芳香族胺基酸肽鏈的功能。

FILE. 022 胰蛋白酶

trypsin

名 稱 由 來	源自希臘文「tripsis」,為「摩擦、粉碎」之意
主 要 功 能	分解離胺酸、精胺酸等肽鏈
相 關 物 質	胰凝乳蛋白酶、彈性蛋白酶等
相 關 部 位	胰臟、小腸等

胰蛋白酶是**特殊水解離胺酸或部分精胺酸**的酵素,胰臟會分泌胰蛋白酶的前驅物胰蛋白酶原,進入小腸後透過腸激酶活化為胰蛋白酶。

衝啊!
來分解蛋白質了!

「胰蛋白酶軍」

加油!

胰臟

「彈性蛋白酶軍」

蛋白質軍

胰蛋白酶與彈性蛋白酶各自具有切割特定蛋白質鏈的能力,並相互協助產生作用。

彈性蛋白酶是主要**水解彈性蛋白(不溶於水的硬蛋白)**的酵素,與胰蛋白酶及胰凝乳蛋白酶相同,都被歸類為絲氨酸蛋白酶。彈性蛋白酶作為胰液在十二指腸分泌,並透過胰蛋白酶活化,也被運用於檢測癌症等腫瘤的參考指標。

FILE. 023 彈性蛋白酶

elastase

名 稱 由 來	能分解彈性蛋白而得名
主 要 功 能	分解離胺酸、精胺酸等肽鏈
相 關 物 質	胰蛋白酶、胰凝乳蛋白酶等
相 關 部 位	胰臟、小腸等

第1章 蛋白質的代謝

35

FILE. 024 胃蛋白酶

pepsin

名　稱　由　來	＝源自希臘文「pepsis」，為「消化」之意
主　要　功　能	＝分解離胺酸、精胺酸等肽鍵
相　關　物　質	＝鹽酸、天門冬胺酸等
相　關　部　位	＝胃等

胃蛋白酶是蛋白質分解酵素之一，從**胃黏膜分泌的胃蛋白酶原**，透過鹽酸活化後成為胃蛋白酶。當食物在胃中消化時，胃蛋白酶會發揮作用，並利用天門冬胺酸殘基來分解蛋白質。

> 在胃裡分解蛋白質吧！

胃蛋白酶

胃蛋白酶是首先消化蛋白質的酵素。

> 來製作乳酪了

凝乳酶

凝乳酶是存在於小牛胃中的蛋白質分解酵素，也具有凝固牛奶的作用。

凝乳酶是切斷苯丙胺酸或蛋胺酸的酵素，英文別稱為「rennin」。凝乳酶可分解存在於微胞表面（P.96）的 **K-酪蛋白之牛奶成分蛋白質**，在製造乳酪的過程中，凝固牛奶時會使用凝乳酶。

FILE. 025 凝乳酶

chymosin

主　要　功　能	＝分解 K-酪蛋白
相　關　物　質	＝微胞、苯丙胺酸等
相　關　部　位	＝胃等

FILE. 026 蛋白酶

peptidase

名 稱 由 來	分解肽鍵的酵素
主 要 功 能	幫助分解肽鍵
相 關 物 質	胺基肽酶、二肽基肽酶、羧基肽酶等
相 關 部 位	小腸、肝臟、腎臟等

第 1 章　蛋白質的代謝

蛋白酶有助於分解胺基酸，存在於小腸、肝臟和腎臟等多種器官中。

蛋白酶會在體內各處發揮分解酵素的功能！

　　蛋白酶是水解胺基末端或羧基末端之肽鍵的酵素總稱，這些酵素包括胺基肽酶、二肽基肽酶、羧基肽酶等，它們在小腸、肝臟、腎臟等內臟器官中發揮作用。其中，白胺酸胺基肽酶具有將存在於肽鍵 N 末端的白胺酸從肽中釋放出來的功能。當肝臟有毛病的時候，蛋白酶指數會升高，因此在醫學領域中被用於診斷和後續監測的指標。

FILE. 027 泛素

ubiquitin

- **名稱由來** ━ 源自希臘文「ubiquitous」，為「無所不在」之意
- **主要功能** ━ 辨識體內所不需要的蛋白質
- **相關物質** ━ 半胱胺酸、丙胺酸等
- **相關部位** ━ 腦、細胞、神經系統等

泛素是用來去除體內多餘蛋白質的小分子蛋白，其主要功能是**標記需要被分解的蛋白質**，並向細胞發出信號，表明已經做好分解的準備（泛素化）。泛素還會在體內產生各種反應，負責指示**細胞內外的蛋白質運輸**。此外，學者也認為，泛素會在神經傳遞或 DNA 修復時發揮作用。

不需要的蛋白質往這邊走！

分解　蛋白質　蛋白質　蛋白質

泛素的作用是辨識需要被破壞的蛋白質。學者所提出有關於泛素的研究，在二〇〇四年獲得了諾貝爾化學獎。

蛋白酶體

FILE. 028

proteasome

名　稱　由　來	= 英文「protease」和意指巨大粒子「～ some」的組合
主　要　功　能	= 分解泛素化的蛋白質
相　關　物　質	= 泛素等
相　關　部　位	= 腦、神經系統等

第 1 章　蛋白質的代謝

蛋白質合成工廠

不需要的蛋白質

合成錯誤或已達到壽命的不需要蛋白質需要被分解，泛素和蛋白酶體將共同產生作用進行分解。

我們來處理不需要的蛋白質

　　蛋白酶體是分解透過泛素辨識應當被分解的蛋白質之物質，其與泛素協力產生作用的過程稱為「**泛素 - 蛋白酶體系統（UPS）**」。名為 26S 蛋白酶體的巨大分子集合體中，20S 蛋白酶體可分解體內不需要的蛋白質，它在分解體內不需要的蛋白質方面發揮極其重要的作用，在各個領域的研究正在取得進展。

39

FILE. 029 組織蛋白酶 K

cathepsin K

名稱由來	古希臘文「kata」和「hepsein」的組合，為「消化」之意
主要功能	骨骼的新陳代謝等
相關物質	半胱胺酸、天門冬胺酸、膠原蛋白等
相關部位	骨骼、肌肉等

組織蛋白酶 K 是分解半胱胺酸、天門冬胺酸、絲胺酸等肽鏈的酵素總稱。其中，組織蛋白酶 K 是由**吸收老化骨骼並進行骨骼新陳代謝的破骨細胞所分泌**，當骨骼被重新吸收時會被活化，在分解骨骼膠原蛋白時組織蛋白酶 K 會產生作用。組織蛋白酶 K 被認為與骨骼肌疾病中的肌少症或風濕等疾病有關，對其相關研究正在進行中。

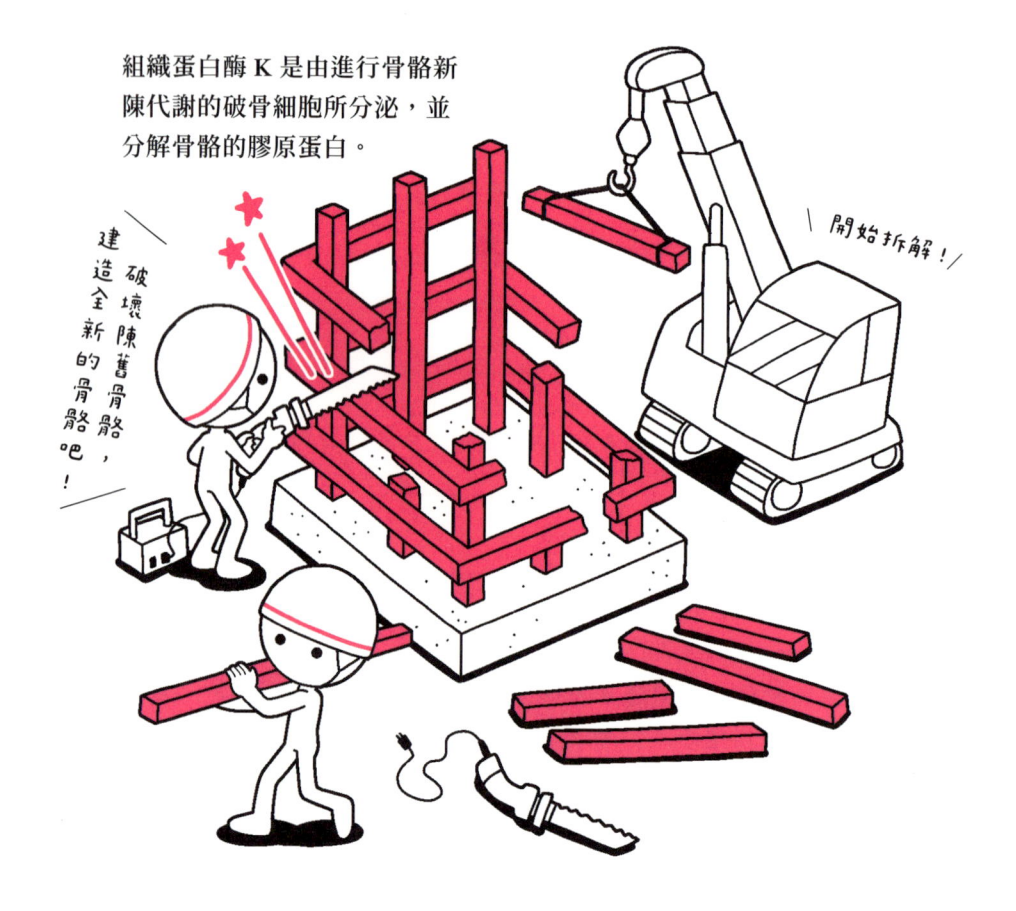

組織蛋白酶 K 是由進行骨骼新陳代謝的破骨細胞所分泌，並分解骨骼的膠原蛋白。

破壞陳舊骨骼，建造全新的骨骼吧！

開始拆解！

FILE. 030 丙酮酸

pyruvic acid

名 稱 由 來	源自古希臘文「Pyr」，意思是「火」
主 要 功 能	糖解、檸檬酸循環、葡萄糖分解等
相 關 物 質	乙醯輔酶 A、丙胺酸等
相 關 部 位	骨骼、肌肉等

丙酮酸在糖代謝和胺基酸代謝中扮演傳遞物質的作用。

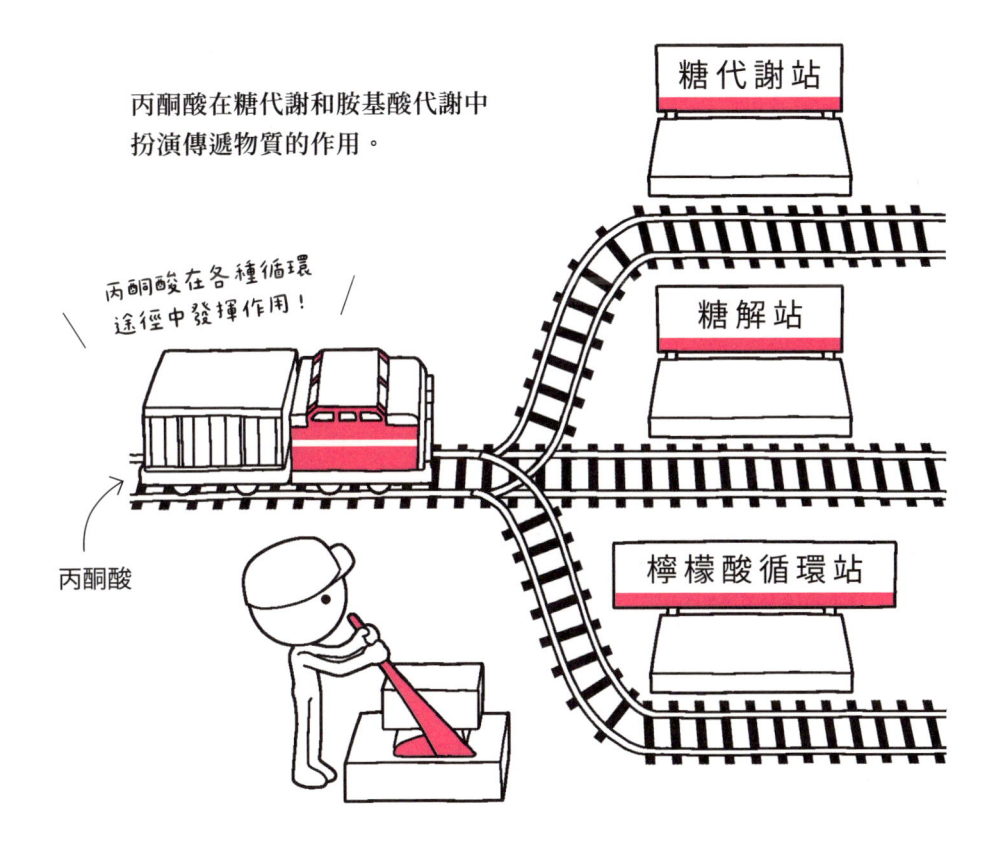

丙酮酸在各種循環途徑中發揮作用！

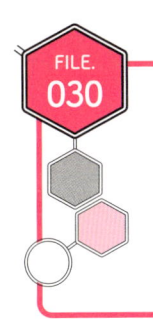

丙酮酸

糖代謝站

糖解站

檸檬酸循環站

　　丙酮酸是位於糖代謝和多種胺基酸代謝途徑交會點的主要**中間代謝產物**，在生物體內發揮多種作用。在糖解中會階段性分解葡萄糖，**將其導入粒線體，並轉換為乙醯輔酶 A**，為了達到高效率的能量生產而運作。另外，丙酮酸也參與乳酸發酵、酒精發酵以及丙胺酸的產生等，被運用在肌肉等器官，是人類生存所不可或缺的物質。

FILE. 031 草醯乙酸

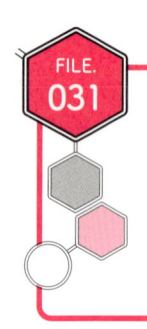

oxaloacetic acid

名 稱 由 來	源自古希臘文中「酸性的」之意
主 要 功 能	糖質新生等
相 關 物 質	丙酮酸、葡萄糖等
相 關 部 位	骨骼、肌肉等

草醯乙酸是透過丙酮酸羧化酶對丙酮酸進行羧化而產生，從丙酮酸合成葡萄糖的**糖質新生中，草醯乙酸扮演葡萄糖原料**的角色。由於草醯乙酸不能穿過粒線體內膜，因此會先轉化為蘋果酸被輸送。此後，透過與磷酸甘油酸和醛縮酶的縮合反應，變成葡萄糖-6-磷酸，並以葡萄糖的形式儲存。

丙酮酸

草醯乙酸由丙酮酸產生，並以葡萄糖的形式儲存於粒線體中。

葡萄糖

檸檬酸循環站

粒線體

來搬運產生的葡萄糖吧！

第1部 組成身體的物質

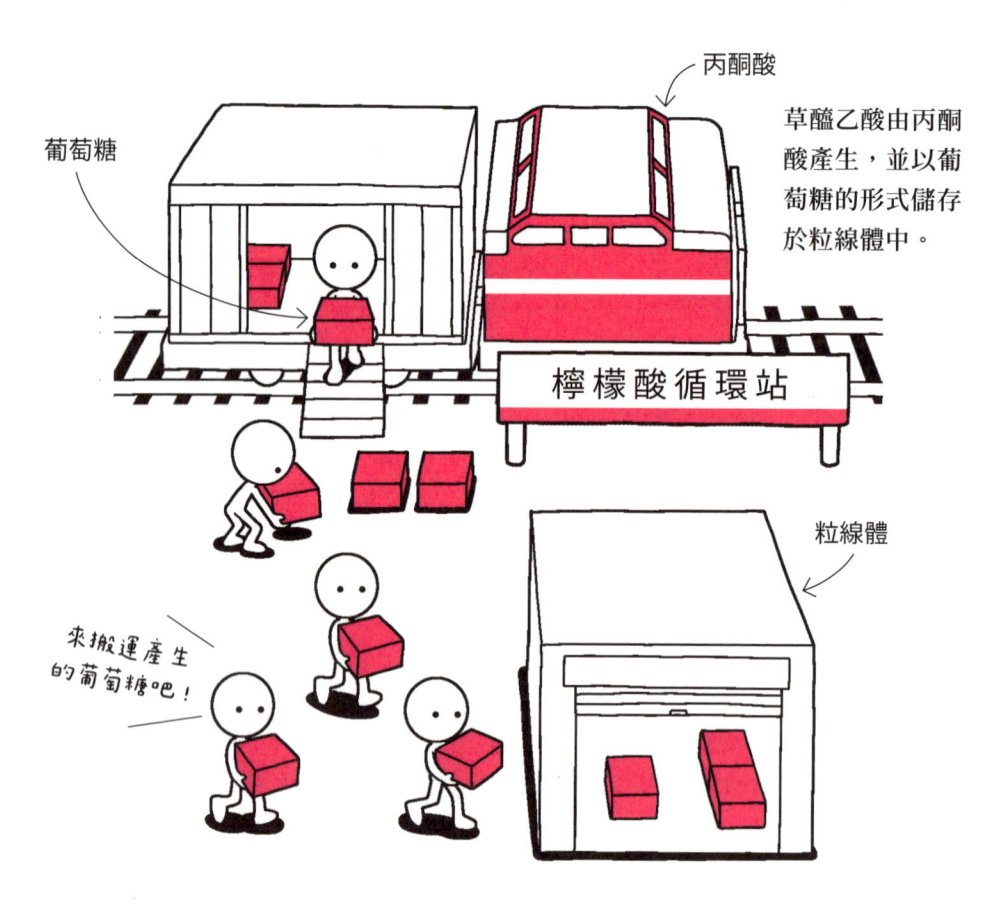

FILE. 032 α - 酮戊二酸

α-ketoglutaric acid

名稱由來	源自英文單字「ketone」（具有酮基之意）和戊二酸的複合語
主要功能	檸檬酸循環、胺基酸異化作用等
相關物質	L-麩胺酸、氨等
相關部位	胃等

第 1 章 蛋白質的代謝

在胺基酸的合成過程中，α-酮戊二酸是扮演重要角色的物質，它在**轉胺基作用**中轉化為 L-麩胺酸，L-麩胺酸透過**氧化脫胺反應**將氨脫離，變成 α-酮戊二酸。脫離的有害氨在尿素循環（鳥胺酸循環）中轉化為尿素，大部分作為尿液的成分從體內排出。這一系列的反應稱為胺基酸**異化**，在胺基酸代謝中扮演相當重要的角色。

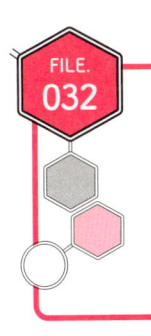

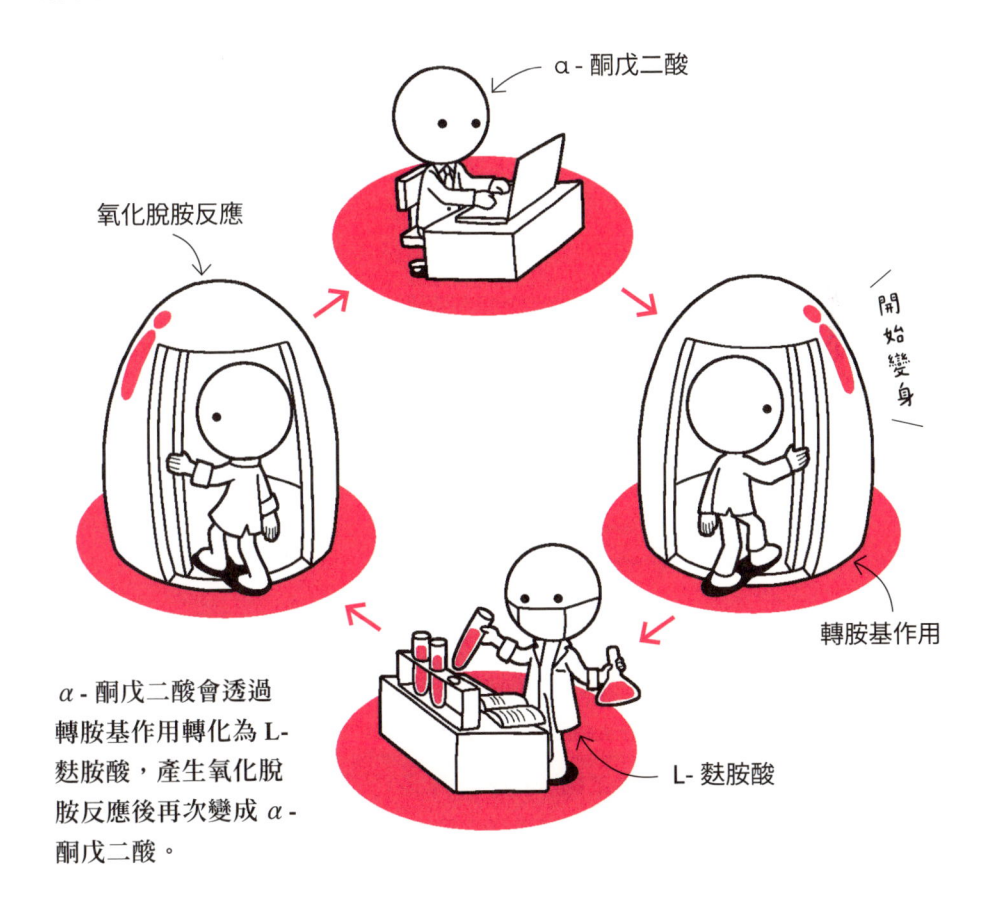

α-酮戊二酸

氧化脫胺反應

開始變身

轉胺基作用

L-麩胺酸

α-酮戊二酸會透過轉胺基作用轉化為 L-麩胺酸，產生氧化脫胺反應後再次變成 α-酮戊二酸。

FILE. 033 瓜胺酸
citrulline

- 主要功能 ＝ 尿素循環等
- 相關物質 ＝ 天門冬胺酸、ATP 等

瓜胺酸是僅以遊離形式存在於體內的胺基酸，具有**促進尿素循環**的作用，在細胞質中與天門冬胺酸或 ATP 發生反應。最早是從西瓜的成分所發現瓜胺酸，葫蘆科植物的含量豐富。

開始轉動尿素循環！

FILE. 034 精胺基琥珀酸
argininosuccinic acid

- 主要功能 ＝ 尿素循環等
- 相關物質 ＝ 精胺酸、瓜胺酸等

精胺基琥珀酸是尿素或精胺酸合成的中間體，它由瓜胺酸與天門冬胺酸所合成，在尿素循環中發揮作用。腎臟則含有**精胺基琥珀酸合酶**。

要變出精胺酸與延胡索酸的分身了！

FILE. 035 反丁烯二酸
fumaric acid

- 主要功能 ＝ 尿素循環等
- 相關物質 ＝ 精胺酸、精胺基琥珀酸等

當尿素循環中產生精胺酸時，會從精胺基琥珀酸中脫離轉化為反丁烯二酸。此外，苯丙胺酸或酪胺酸分解時，也會產生反丁烯二酸。

苯丙胺酸

反丁烯二酸

反丁烯二酸是因苯丙胺酸或酪胺酸分解而產生。

FILE. 036 鳥胺酸

ornithine

名稱由來	= 源自古希臘文「ornis」，為「包括鳥類」之意
主要功能	= 尿素循環等
相關物質	= 氨、膠原蛋白等
相關部位	= 肝臟等

鳥胺酸是**在生物體內游離存在**的胺基酸之一，它是尿素循環的中間體，分解胺基酸分解後所產生的氨。**對於產生促進細胞分裂的多胺（亞精胺、精胺），和合成膠原蛋白的脯胺酸**，鳥胺酸都是不可或缺的物質。目前因多種保健功效而受到矚目，其中尤其以改善肝功能的功效受到青睞，蜆含有豐富的鳥胺酸，被運用在營養補助食品等領域。

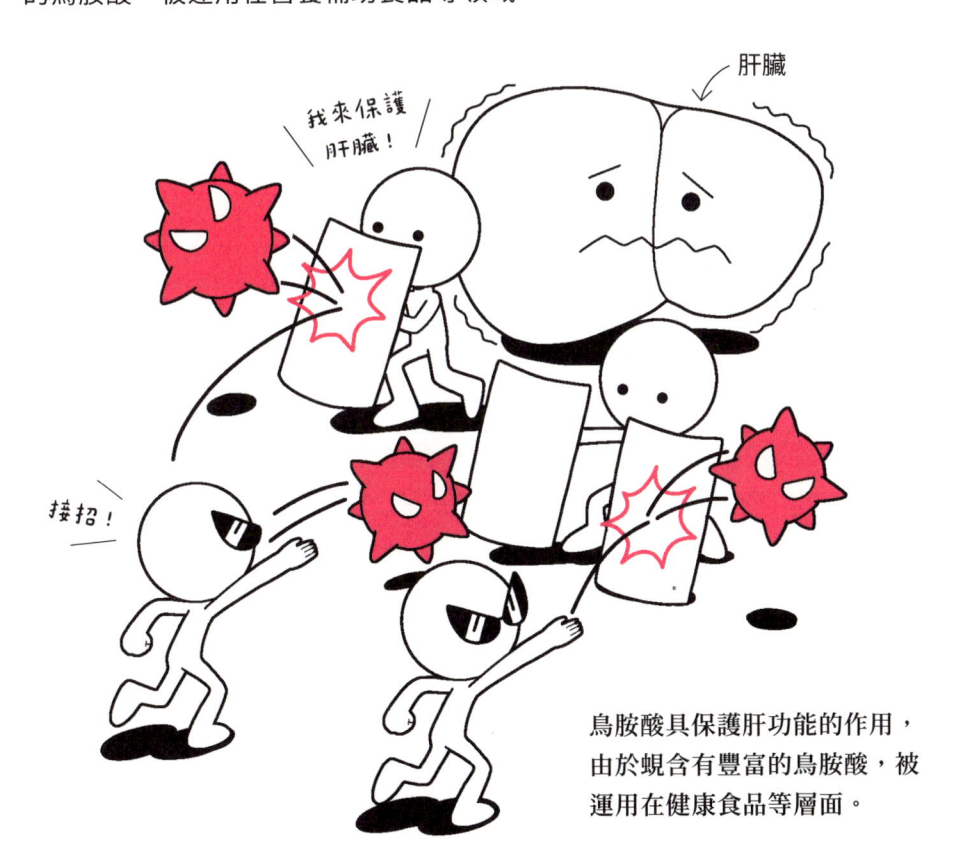

第 1 章 蛋白質的代謝

鳥胺酸具保護肝功能的作用，由於蜆含有豐富的鳥胺酸，被運用在健康食品等層面。

COLUMN

作為能量來源的 ATP 機制

能 量是人類賴以生存必需要素,不僅只有運動,例如呼吸、消化、細胞內的化學變化等所有的生理活動,都需要能量。在人體的體內,**ATP(三磷酸腺苷)** 被當作可加以運用的能量。ATP 是由腺嘌呤、核糖和 α、β、γ 三個磷酸基所組成的物質。γ 和 β 之間以及 β 和 α 之間有磷酸基鍵結合(高能磷酸鍵),當該結合分解的時候,會釋放大量的能量。

粒線體是 ATP 的生產工廠

接著要來認識 ATP 的生產過程,位於細胞內的**粒線體**,是生產 ATP 的主體。

粒線體是由外膜和內膜的兩層膜所組成的細胞內小器官,大小與細菌大致相同,有球形、圓柱形等多種形狀。粒線體的內部分為兩個空間,**受內膜包覆的內部空間稱為基質**,**內膜和外膜之間的空間稱為膜間隙**。

外膜和內膜之間,物質通過的容易性(**穿透性**)存在差異,限制了可以進入粒線體的物質。外膜宛如關卡般來分選進入的物質,但內膜只能允許有限數量的物質進入。因此,為了進入粒線體,都需要與蛋白質結合。

ATP 的構造

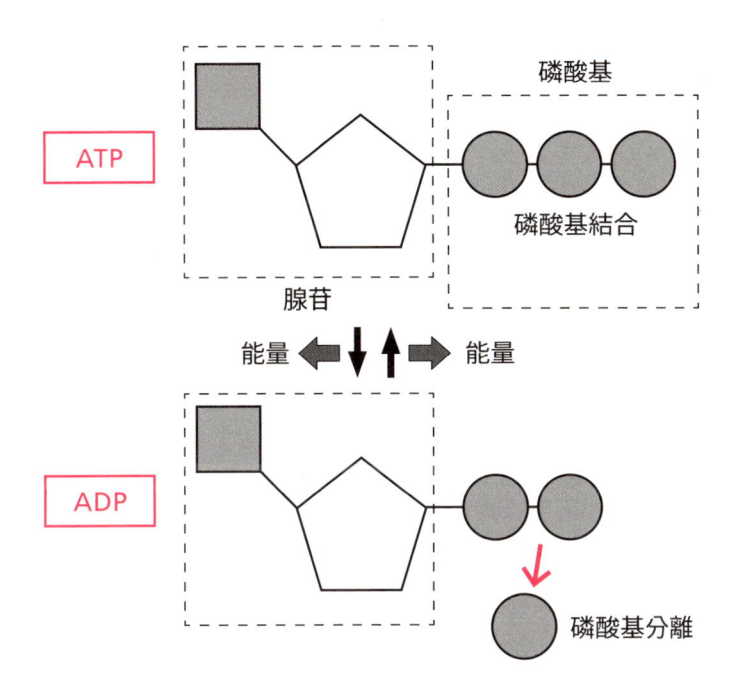

ATP

磷酸基
腺苷
磷酸基結合

能量 ⬅ ⬇⬆ ➡ 能量

ADP

磷酸基分離

ATP 的生產過程宛如粒線體在呼吸

為了生產能量（ATP），氧氣也是不可或缺的要素。氧氣透過呼吸進入體內，這種眾所皆知的呼吸方式，稱為外呼吸。

此外，透過飲食所攝取的醣類和脂質，在細胞內產生 ATP 的過程稱為內呼吸。換言之，內呼吸就像是粒線體在呼吸。

電子傳遞鏈的作用

名為電子傳遞鏈的代謝途徑，在粒線體中 ATP 進行合成時發揮重要功能。電子傳遞鏈是傳輸電子的複合體，就像是幫浦般輸送構成原料物質（NADH、FADH＋）所包含的電子，以生產 ATP。在變成 ATP 的前一個階段，名為 ADP 的物質會發生反應，並透過酵素等物質的作用以生產 ATP。

決定蛋白質性質的構造

蛋白質根據其類型和性質有不同的功能。
首先，要了解蛋白質的基本分類和構造，
並掌握各種蛋白質的功能。

簡單蛋白質與複合蛋白質

僅由胺基酸組成的蛋白質稱為 簡單蛋白質，由胺基酸和其他物質組合的蛋白質稱為 複合蛋白質。例如，角蛋白和膠原蛋白都是典型的簡單蛋白質；另一方面，複合蛋白質是由各種物質結合而成，如核酸、磷酸、糖和色素等，詳見 P.56。

球狀蛋白質與纖維狀蛋白質

依形狀的不同，所有的蛋白質可分為球狀和纖維狀。蛋白質的結合稱為肽鍵，其中 2 個胺基酸的結合稱為稱為二肽，3 個稱為三肽，4 至 10 個為寡肽，10 個以上稱為多肽。此外，形成多肽的部分，根據其結構也有不同的名稱。

多肽的結合部分經摺疊後，成為球狀的蛋白質稱為 球狀蛋白質，其特徵是易溶於水且易被破壞。另外，球狀蛋白質也用於輸送與其他物質產生反應的澱粉酶或血紅素等物質。

另一方面，纖維狀蛋白質是由多個相互纏繞的多肽所組成的束狀蛋白質，特徵是難溶於水且結構堅固，構成骨骼肌的膠原蛋白和角蛋白都是其中的代表。

複合蛋白質為立體的構造

　　蛋白質分為四種主要結構，有關於哪些類型的胺基酸，以何種順序鍵結合的資訊，稱為一級結構。胺基酸序列的順序先從 N 端胺基酸開始，然後向 C 端計數，沿著這些肽鏈連接的蛋白質部分稱為主鏈。

　　透過摺疊部分一級結構而形成的規則性構造，稱為二次結構。二次結構可大致分為 α 螺旋和 β 摺疊。α 螺旋呈螺旋狀，β 摺疊具有與一級結構主鏈平行排列的結構。

　　一級結構和二級結構是平面結構，但三級結構是指立體性結構。簡單來說，蛋白質得透過二級結構的組合，才能發揮各種功能。

　　最後，四級結構是由相互纏繞的單獨蛋白質所組成的物質，也就是複合蛋白質的結構。如此一來，蛋白質便擁有各式各樣的構造。

POINT

- ▶ 蛋白質分為單純與複合蛋白質，球狀與纖維狀蛋白質
- ▶ 蛋白質的性質依構造而不同
- ▶ 複合蛋白質屬於四級結構

FILE. 037 角蛋白

keratin

名稱由來	＝源自希臘文的「keras」，為「角」之意
主要功能	＝形成表皮細胞等
相關物質	＝角質形成細胞、神經醯胺等
相關部位	＝皮膚、毛髮等

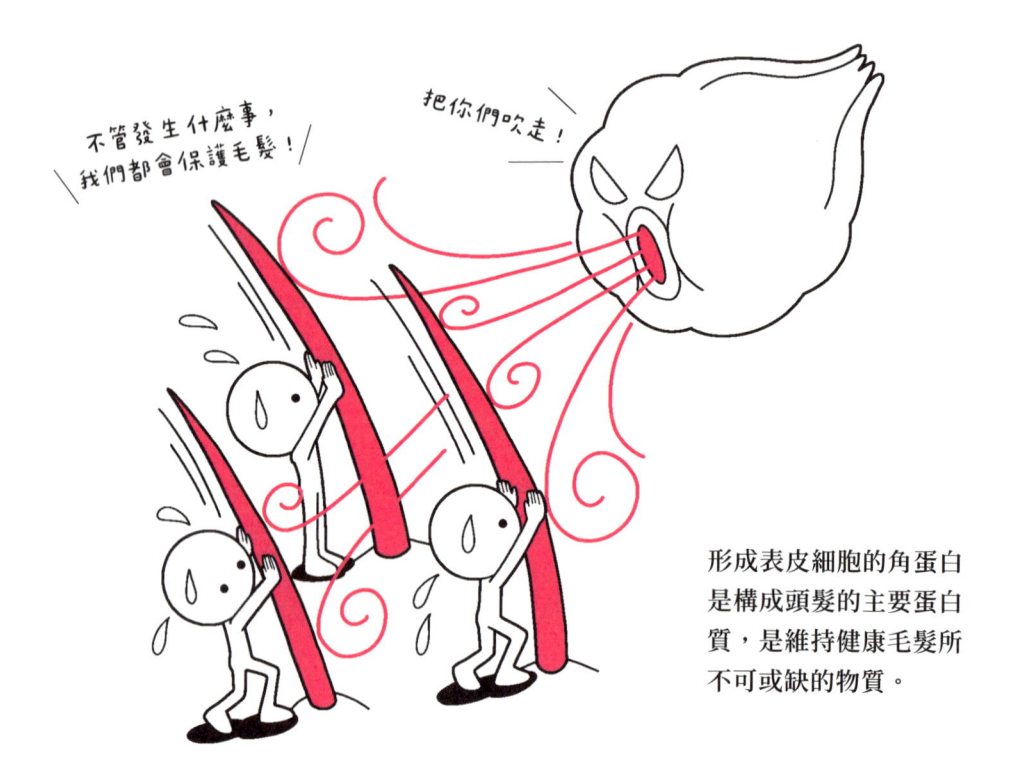

> 不管發生什麼事，我們都會保護毛髮！

> 把你們吹走！

形成表皮細胞的角蛋白是構成頭髮的主要蛋白質，是維持健康毛髮所不可或缺的物質。

角蛋白是**毛髮中約佔 80% 成分**的複合蛋白質，形成皮膚的上皮組織最外層細胞組織稱為角質層，是由角蛋白構成的**角質形成細胞**所組成。透過與神經醯胺等物質的共同作用，能發揮皮膚保水功能，以及作為防止異物入侵的屏障功能。近年來，角蛋白因預防頭髮稀疏的功效而受到關注，也被用於洗髮精和頭髮定型產品中。

類別 纖維狀蛋白質

FILE. 038 膠原蛋白

collagen

名稱由來	源自希臘文的「Kolla」，為「膠」之意
主要功能	構成皮膚、韌帶、骨骼等
相關物質	胰蛋白酶、彈性蛋白酶等
相關部位	皮膚、骨骼等

第1章 決定蛋白質性質的構造

雖然膠原蛋白通常以具美膚效果的營養補助食品而聞名，但它實際上是構成皮膚、骨骼和韌帶的膠原纖維。據說體內的蛋白質中，膠原蛋白約佔30%，骨骼中所含的有機成分大多都是膠原蛋白。骨骼是透過將骨礦物質（鈣、磷酸鹽等）沉積在有機成分上而形成的，因此膠原蛋白在維持骨骼強度方面能產生極大的作用。

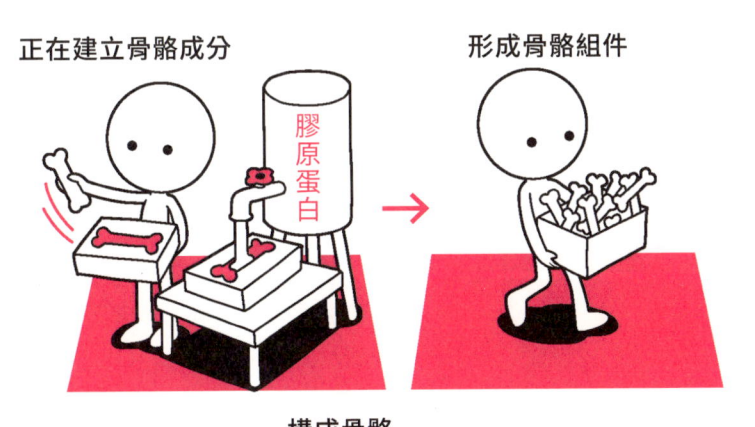

正在建立骨骼成分　　形成骨骼組件

膠原蛋白

構成骨骼

為了維持骨骼強度，膠原蛋白是不可或缺的物質！

膠原蛋白的功能是結合相關細胞，對於骨骼的形成至關重要。

類別	纖維狀蛋白質

51

FILE. 039 微管蛋白

tubulin

名稱由來	為組成微管（microtubule）的主要成分而得名
主要功能	形成微管等
相關物質	驅動蛋白、動力蛋白等
相關部位	細胞

驅動蛋白、動力蛋白！出發前往目的地！

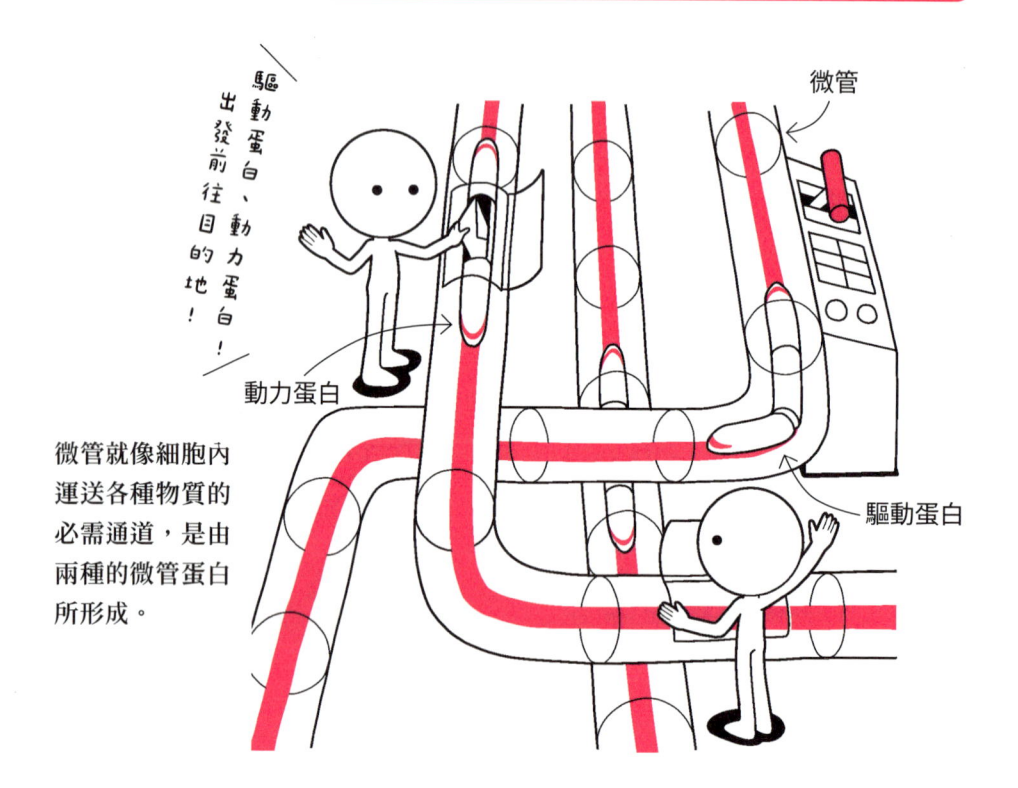

微管

動力蛋白

驅動蛋白

微管就像細胞內運送各種物質的必需通道，是由兩種的微管蛋白所形成。

　　微管蛋白為蛋白質的一種，形成**構成細胞骨骼的微管**。微管如同軌道，執行細胞內物質運輸等多種功能，微管蛋白會呈現名為 α 型和 β 型的形狀，並排堆疊形成圓柱形管，驅動蛋白和動力蛋白的蛋白質會透過此管運輸各種物質。**由於微管在細胞分裂中也會發揮核心作用**，因此可作為抗癌藥等標靶標物。

| 類別 | 球狀蛋白質 |

FILE. 040 溶菌酶

lysozyme

名 稱 由 來	源自「lysis」（溶菌之意）和「enzyme」（酵素之意）的組合
主 要 功 能	分解細胞壁和細菌等
相 關 物 質	幾丁質等
相 關 部 位	眼睛、嘴巴等

第 1 章 決定蛋白質性質的構造

　　細胞壁的作用是保護對人體有害的細菌，而溶菌酶的功能是破壞細胞壁，**切割肽聚醣並削弱細胞壁**。蛋白、人類的眼淚和唾液所含有的酵素可以**保護黏膜並分解細菌**。溶菌酶可分為雞型、鵝型、噬菌體型、無脊椎動物型、植物型五種類型，無花果和木瓜等植物含有豐富的溶菌酶。

溶菌酶

發現細菌！
立刻發動攻擊！

細菌

溶菌酶會攻擊入侵體內的細菌，保護身體免受感染。

| 類別 | 球狀蛋白質 |

FILE. 041 肌動蛋白／肌凝蛋白

actin／myosin

- 主要功能＝收縮肌肉
- 相關物質＝肌鈣蛋白、原肌凝蛋白等
- 相關部位＝肌肉等

　　肌動蛋白與肌凝蛋白都在肌肉收縮時發揮作用，是**構成肌原纖維的蛋白質**。構成肌原纖維的蛋白質，分為在肌肉收縮時產生作用的「**收縮性蛋白質**」、打開和關閉收縮作用的「調節性蛋白質」，以及製造肌原纖維的「結構性蛋白質」三種。肌動蛋白和肌凝蛋白都被歸類為「收縮性蛋白質」，兩者相互作用以執行肌肉收縮活動。肌凝蛋白可引起蛋白質之間的相互作用，也被稱為馬達蛋白。

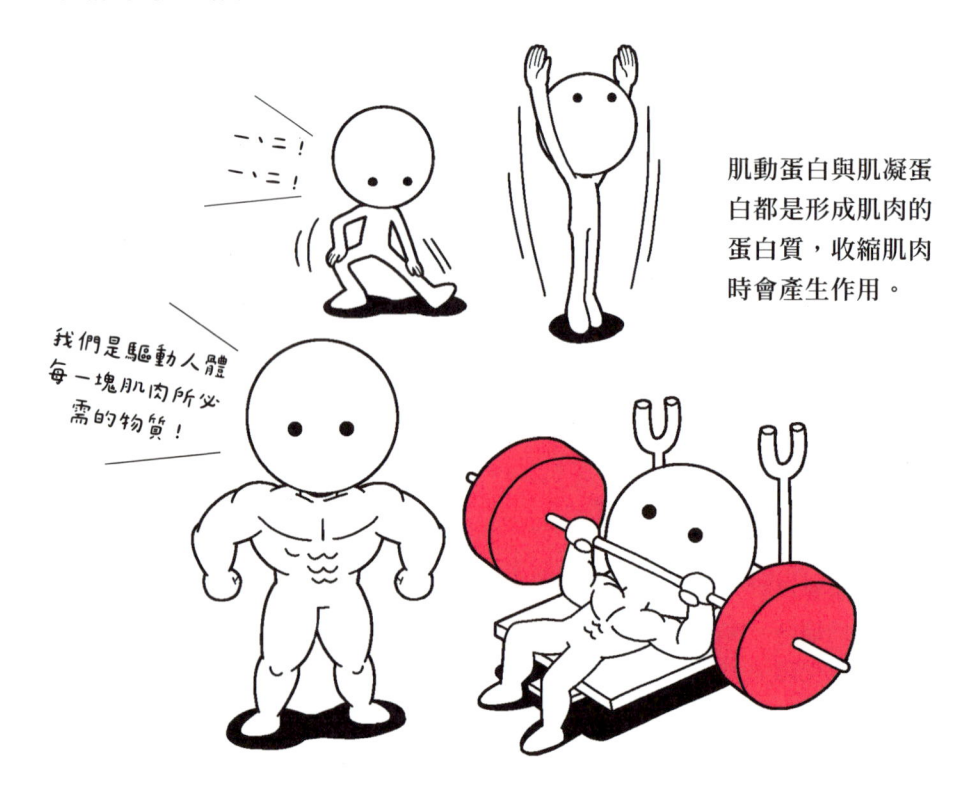

肌動蛋白與肌凝蛋白都是形成肌肉的蛋白質，收縮肌肉時會產生作用。

我們是驅動人體每一塊肌肉所必需的物質！

類別　（肌凝蛋白）纖維狀蛋白質、（肌動蛋白）球狀蛋白質

FILE. 042 肌鈣蛋白／原肌凝蛋白

troponin／tropomyosin

- **主要功能** ― 收縮肌肉
- **相關物質** ― 肌鈣蛋白、原肌凝蛋白等
- **相關部位** ― 肌肉等

第1章 決定蛋白質性質的構造

被肌鈣蛋白拉著跑！

原肌凝蛋白

由於肌鈣蛋白拉動原肌凝蛋白，產生肌肉收縮。

肌鈣蛋白

　　肌鈣蛋白與原肌凝蛋白會在肌肉收縮時作為「調節蛋白質」產生作用。當肌肉放鬆時，肌動蛋白與肌凝蛋白會重疊薄薄一層；而當肌肉收縮時，就會深深地纏繞在一起，肌鈣蛋白與原肌凝蛋白則位於兩者之間。它們呈一定間隔排列，肌鈣蛋白透過與鈣離子結合來改變位置，同時原肌凝蛋白也被拉離原來的位置，產生肌肉收縮。此時，肌動蛋白與肌凝蛋白相互結合。

類別　（原肌凝蛋白）纖維狀蛋白質、（肌鈣蛋白）球狀蛋白質

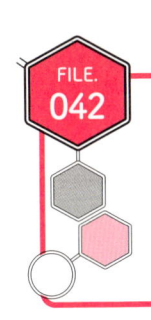

解說 五種複合蛋白質

複合蛋白質是指水解時能產生胺基酸以外物質的蛋白質。換句話說，是胺基酸與其他物質的結合。如果結合的物質是糖，稱為醣蛋白；如果是色素，則稱為色蛋白，複合蛋白質總共有五種。

脂蛋白（P.123）

與脂質結合的蛋白質，具有輸送血中脂質的功能。代表性物質包括與中性脂肪（三酸甘油酯）結合的乳糜微粒等。

核蛋白

與 DNA 或 RNA 等核酸結合的蛋白質，代表性物質包括與構成 DNA 染色體（組織蛋白）結合的染色質。核蛋白能對基因的發現和抑制產生作用。

磷蛋白

與磷酸結合的蛋白質，酪蛋白是代表性物質。磷蛋白是存在於牛奶和乳酪中的成分，有 α 型、β 型、K 型等種類，廣泛應用於食品化學領域。

醣蛋白

與葡萄糖和半乳糖等複雜相連聚糖結合的蛋白質，構成動物細胞的表面。右頁所介紹的黏液素是代表例子。

色蛋白

與色素結合的蛋白質，血紅素（P.116）為其代表。此外，色蛋白也經常作為氧化還原酶，在植物的光合作用中發揮重要作用。

當蛋白質與胺基酸以外的物質結合時，就會改變功能。

FILE. 043 黏液素

mucin

- **名稱由來**：源自英文的「mucus」，為動物的黏液之意
- **主要功能**：保護黏膜等
- **相關物質**：絲胺酸、蘇胺酸等
- **相關部位**：眼睛、嘴巴、腸胃等

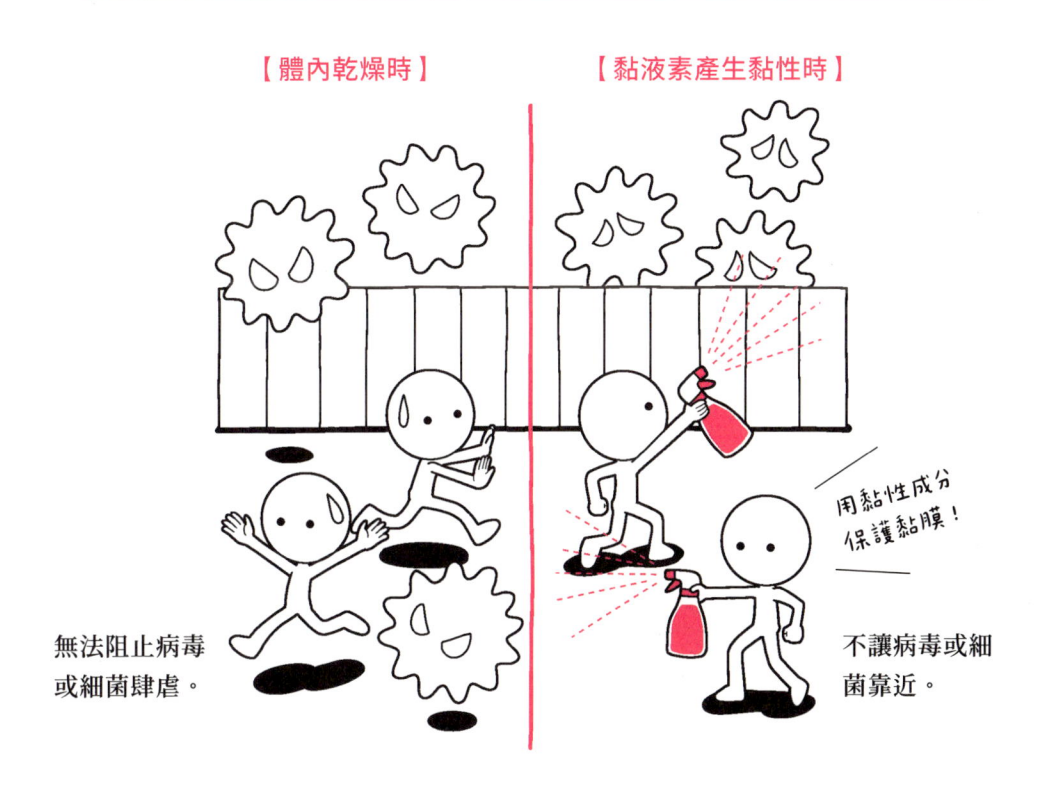

【體內乾燥時】　　　　【黏液素產生黏性時】

用黏性成分保護黏膜！

無法阻止病毒或細菌肆虐。　　　　不讓病毒或細菌靠近。

　　包含人類，動物所分泌的黏液幾乎都含有帶黏性的黏液素蛋白質，除了口腔與鼻子，腸胃等消化道的內側表面都有黏液素分佈，可以**保護黏膜免受各種物質的侵害**。黏液素分為「分泌型」和「胞膜型」兩種，依照種類的不同而有絲胺酸、蘇胺酸、半胱胺酸等**構成胺基酸的差異**。近年來，因黏液素有預防乾眼症、胃炎和胃潰瘍的功效而受到關注，也被用於藥物的領域中。

類別　醣蛋白

第1章 決定蛋白質性質的構造

FILE. 044 鈣調蛋白

calmodulin

名稱由來	源自對鈣（calcium）的作用
主要功能	細胞間的訊號傳遞、細胞活化與抑制等。
相關物質	鈣、肌鈣蛋白等
相關部位	腦、肌肉等

　　鈣調蛋白是與鈣結合的代表性蛋白質。鈣在體內轉變為鈣離子，在細胞間的信號傳遞中扮演不可或缺的角色，而鈣調蛋白在其中發揮重要的作用。鈣調蛋白會檢測鈣並**對肌肉收縮或胰島素釋放**產生作用，它作用於全身，進行細胞活化或抑制，也會影響學習和記憶等高等腦部功能。

【無法集中注意力】　　　　　【咦？】

喝下鈣調蛋白

鈣調蛋白的提升注意力效果備受矚目。

類別　球狀蛋白質

運輸蛋白

當物質穿過粒線體的內膜和外膜時，
蛋白質會發揮輸送的功能，
其中運輸蛋白扮演重要的角色。

幫助細胞內各類物質的輸送

在生物體內合成和分解的各種物質，必須透過粒線體等胞器的內膜和外膜來輸送。然而，胞器的內膜是狹窄的大門，不輕易允許物質通過，為了成功輸送，物質必須與蛋白質等結合，而運輸蛋白則肩負運輸的角色。ABC 轉運蛋白是其中的代表，這類蛋白質的功能又稱為載體。運輸蛋白是近年受到積極研究的領域，學者力求闡明其作用。

通過細胞膜的孔洞

根據運輸蛋白的功能，分別有通道蛋白（channel）、幫浦蛋白（pump）和載體蛋白（transporter）的名稱。通道蛋白宛如孔洞，受到特定的刺激打開和關閉，以讓離子通過。相較之下，幫浦和載體蛋白不會形成完整的孔洞，在細胞膜內外讓離子或低分子物質通過。此外，幫浦蛋白會透過 ATP 水解等方式直接消耗能量。透過運輸蛋白發揮作用，得以讓細胞和物質產生反應。

第 1 部　組成身體的物質

第 2 章

醣類

不光只有能量來源，
醣類也是構成DNA的重要物質。
醣類由碳、氫、氧所組成，
依據結合部位或方向分為雙醣與多醣，
本章將解說醣類的基本構造。

INTRODUCTION

構成能量來源的醣類

　　醣類是由碳、氫、氧結合而成的化合物，相對於 3 到 9 個碳骨架，由醛基或酮基與多個羥基結合而成。
　　醣類不僅是生物的主要能量來源，也是 DNA 的構成成分與細胞壁的材料。
　　醣類可分為不能進一步分解的單醣，以及由單醣結合的雙醣或多醣（也稱為寡糖）。此外，由糖與蛋白質或脂質結合而成的稱為複合醣類。

單醣為醣類的最小單位

　　單醣是無法進一步分解的醣類，碳、氫、氧的比例為 1:2:1，其基本構造分為具有醛基的 醛糖，以及具有酮基的 酮糖。

　　單醣可根據碳的數量進一步分類，最小的是由三個碳構成的三碳醣，其他還包括四碳醣、五碳醣、六碳醣等。基本上，在人體內發揮作用的單醣為五碳醣和六碳醣，別名為戊醣和己醣。

由兩個單醣結合而成的雙醣

　　雙醣是由兩個單醣結合而成，此結合稱為 醣苷鍵，其名稱和性質會根據產生結合的場所而異。從食物中攝取的雙醣主要在小腸中分解，變成單醣後被吸收，最後轉化為葡萄糖。

透過醣苷鍵產生的多醣

　　多醣是由眾多單醣透過糖苷鍵結合而成，根據糖結合的部位和結合方向，又可分為直鏈型和支鏈型的多醣。

POINT

▸ 單醣不能進一步分解，並根據碳數有不同的名稱。
▸ 雙醣由兩個單醣結合而成。
▸ 多醣是由單醣透過糖苷鍵結合而成。

FILE. 045 葡萄糖

glucose

- **名 稱 由 來** = 源自希臘文的「glucus」，為「甜的」之意
- **主 要 功 能** = 生產能量等
- **相 關 物 質** = 乙醯輔酶 A、肝醣等
- **相 關 部 位** = 腦、肝臟等

葡萄糖是最為單純的醣類，又稱為血糖、玉米葡萄糖、玉蜀黍糖等。葡萄糖以血糖的形式在動物的血液中循環，是**人腦唯一可以當作能量利用的物質**。葡萄糖在糖解系統中被分解為丙酮酸，丙酮酸變成乙醯輔酶A，然後經過檸檬酸循環合成為檸檬酸。這時候，產生了GTP（三磷酸鳥苷）並構成能量來源。此外，為了維持血糖，葡萄糖會**以肝醣的形式儲存在肝臟中**，並轉化回葡萄糖。

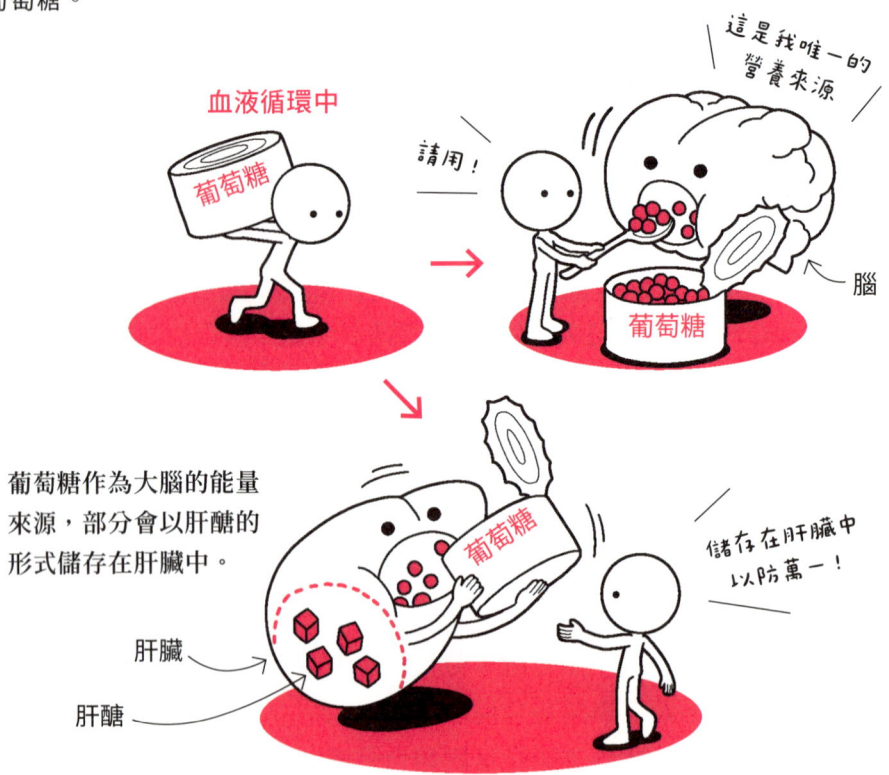

血液循環中
葡萄糖

請用！

這是我唯一的營養來源

葡萄糖

腦

葡萄糖作為大腦的能量來源，部分會以肝醣的形式儲存在肝臟中。

葡萄糖

肝臟
肝醣

儲存在肝臟中以防萬一！

類別 六碳醣、醛醣

FILE. 046 半乳糖

galactose

名 稱 由 來	= 源自希臘文的「gala」，為「牛乳」之意
主 要 功 能	= 提供嬰兒所需的乳醣等
相 關 物 質	= 酪蛋白、乳清蛋白等
相 關 部 位	= 血液等

類別　六碳醣、醛醣

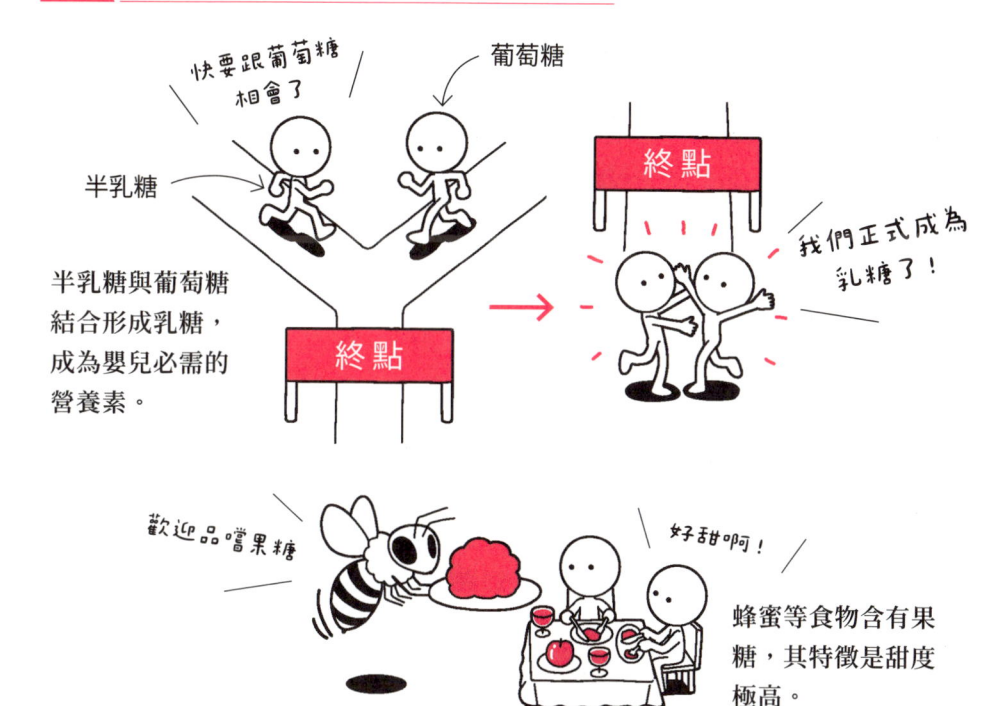

半乳糖為葡萄糖的立體異構物，與葡萄糖結合形成乳糖。糖脂、酪蛋白和乳清蛋白也含有半乳糖，洋菜則是含有半乳聚糖。嬰兒所攝取的醣類中，有 1/5 是半乳糖。

半乳糖與葡萄糖結合形成乳糖，成為嬰兒必需的營養素。

蜂蜜等食物含有果糖，其特徵是甜度極高。

果糖存在於蜂蜜和水果中，是甜度最高的天然糖，與葡萄糖結合形成蔗糖。果糖在骨骼肌和肝臟中受到分解，而在肝臟中分解的果糖被認為會導致肥胖。

FILE. 047 果糖

fructose

名 稱 由 來	= 源自拉丁文的「fructus」，為「果實」之意
主 要 功 能	= 與葡萄糖結合成為蔗糖等
相 關 物 質	= 葡萄糖、蔗糖等
相 關 部 位	= 骨骼肌、肝臟等

FILE. 048 甘油醛
glyceraldehyde

- 主要功能 = 分解糖解等
- 相關物質 = 果糖等

甘油醛是被當作碳水化合物中**立體異構物顯示標準**的物質，當果糖被輸送到糖解途徑時，會在肝臟中分解並**轉化為甘油醛**。

類別｜三碳糖、醛醣

> 非常適合當作立體異構物的模型！

甘油醛是果糖在糖解途徑中分解的中間體，是立體異構物的基準。

FILE. 049 赤藻酮糖
erythrulose

- 主要功能 = 光合作用等
- 相關物質 = 甘油酸等

赤藻酮糖是光合作用或其他眾多**生物反應的中間體**，由甘油酸合成，存在於蘋果、覆盆子等食物中。

類別｜四碳糖、酮醣

> 行光合作用時派上用場

赤藻酮糖與動植物的眾多生物反應有關。

FILE. 050 阿拉伯糖
arabinose

- 主要功能 = 抑制血糖值上升等
- 相關物質 = 半纖維素等

阿拉伯糖是構成阿拉伯膠等植物樹脂的物質，並且作為玉米和甜菜等**細胞壁的構成成分**，含量豐富。

類別｜五碳糖、醛醣

> 玉米含有豐富的阿拉伯糖！

阿拉伯糖對小腸產生作用，具有抑制血糖值的功能。

第 1 部｜組成身體的物質

FILE. 051 木糖

xylose

主要功能 = 抑制血糖值上升等
相關物質 = 木糖醇等

木糖是生產乙醇時被當作原料使用的醣類，經還原後變成木糖醇，也作為口香糖和其他產品的原料。

類別 五碳醣、醛醣

玉米含有豐富的木糖。

FILE. 052 景天庚酮糖

sedoheptulose

主要功能 = 阻礙莽草酸途徑等
相關物質 = 甘油酸等

景天庚酮糖自然界中少數由七個碳原子構成的醣類，具有阻礙合成植物特有成分之莽草酸途徑的效果，也被用來製成除草劑。

景天庚酮糖是在自然界中相當珍貴的醣類，最早是從名為景天的植物中所發現。

類別 七碳醣、酮醣

FILE. 053 甘露糖

mannose

主要功能 = 合成醣基轉移酶等
相關物質 = 甘露聚糖等

甘露糖是蒟蒻或果皮中含有的甘露聚糖構成成分，攝取後通常會經由尿液排出，在體內會成為醣基轉移酶的基質。

類別 六碳醣、醛醣

雖然甘露糖會立即被排出體外，但在體內可當作酵素的原料。

65

FILE. 054 蔗糖

sucrose

- 名　稱　由　來 ━ 源自印度文的「Sarkara」，為「甘蔗」之意
- 主　要　功　能 ━ 生產果糖與葡萄糖等
- 相　關　物　質 ━ 蔗糖酶等
- 相　關　部　位 ━ 腦、肌肉等

【合成葡萄糖與果糖】

【蔗糖成品加工】

轉化後會比砂糖更甜喔！

【焦糖生產完成】

可形成砂糖或焦糖的蔗糖，是為人所熟悉的醣類。蔗糖進入血液後會使血糖值升高。

　　蔗糖是由葡萄糖和果糖透過縮醛羥基結合而成的物質，是一種不能被還原的非還原醣。蔗糖是砂糖的主要成分，也是焦糖的原料，在名為**蔗糖酶的酵素**作用下，蔗糖會產生果糖和葡萄糖。這兩種由蔗糖產生的醣類被稱為**轉化糖**，甜度比蔗糖高，用來當作甜味劑。

類別 雙醣、非還原醣

第 1 部 ▶ 組成身體的物質

FILE. 055

麥芽糖

maltose

名稱由來	源自糖化澱粉之意的「Malt」
主要功能	血糖值上升等
相關物質	葡萄糖、α-澱粉酶等
相關部位	嘴巴、腦等

麥芽糖是由兩個葡萄糖分子組成的還原醣，由於是在小麥發芽過程中產生，因而有麥芽糖的名稱。在體內透過唾液中所含的 **α-澱粉酶產生作用**後，產生了麥芽糖，在咀嚼米飯或地瓜時會感覺到甜味，也是因麥芽糖所產生的作用。

類別 雙醣、非還原醣

麥芽糖是製作糖果等產品的原料

麥芽糖是由小麥發芽而產生，用於糖果等食品，也是地瓜散發甜味的來源。

FILE. 056

乳糖

lactose

名稱由來	源自拉丁文的「lac」，為「牛乳」之意
主要功能	嬰兒的能量來源等
相關物質	葡萄糖、半乳糖等
相關部位	乳腺等

乳糖由葡萄糖和半乳糖組成的還原醣，因為牛奶中大約含有 4.9% 的乳糖，因而有乳糖之名。嬰兒將母乳中的乳糖**分解與吸收為葡萄糖和半乳糖**，並以作為能量來源，乳糖透過乳酸發酵後會產生乳酸。

類別 雙醣、還原醣

牛乳或母乳含有乳糖喔！

牛乳含有豐富的乳糖，是構成嬰兒能量來源的重要醣類。

第 2 章 醣類

FILE. 057 澱粉

starch

- 名　稱　由　來 ＝ 源自荷蘭文的「zetmeel」
- 主　要　功　能 ＝ 生產葡萄糖等
- 相　關　物　質 ＝ 葡萄糖、直鏈澱粉等
- 相　關　部　位 ＝ 嘴巴、腦部等

類別 多醣

澱粉是<u>綠色植物的儲存醣類</u>，馬鈴薯或白米含有豐富的成分。澱粉是由直鏈澱粉所組成，直鏈澱粉由許多葡萄糖連接在一起組成。澱粉與酸加熱後，經過水解變成糊精，<u>最終轉化為葡萄糖</u>。

帶著澱粉過來了！

用白米與地瓜烹煮料理！

吃完充滿能量！

澱粉透過糊精變成葡萄糖，成為人類的能量。

糊精是澱粉分解過程中產生的醣類，<u>難消化性糊精</u>採用特殊製程製造，形成人體消化酵素所無法破壞的結合，具有調節腸道功能或抑制胰島素數值升高的作用。

FILE. 058 糊精

dextrin

- 主　要　功　能 ＝ 轉化為葡萄糖的中間體等
- 相　關　物　質 ＝ 澱粉等
- 相　關　部　位 ＝ 嘴巴、腸等

類別 多醣

第 1 部　組成身體的物質

FILE. 059 纖維素

cellulose
- **名稱由來** = 源自細胞的英文「cell」
- **主要功能** = 整腸作用等
- **相關物質** = β-葡萄糖等
- **相關部位** = 腸等

類別 多醣

纖維素是植物細胞的細胞壁或植物纖維的主要成分,因此有纖維素之稱,也是構成木材、麻、棉的物質。纖維素**由重疊的β-葡萄糖所組成**,作為膳食纖維具有整腸作用。纖維素能透過酵素分解成葡萄糖,用來生產酒精。

運送膳食纖維後
成為酒精
終點
膳食纖維
分解纖維素以補充能量!

儲存在肌肉中的肝醣,在開始運動或從事劇烈運動時能提供能量。

肝醣是動物體內由大量葡萄糖結合的儲存多醣,又被稱為「糖原」或「動物澱粉」。肝醣主要在肝臟和骨骼肌中合成,具有**暫時儲存葡萄糖**的功能,特別是當分解儲存於肌肉的肝醣時,肝醣會產生構成能量來源的ATP。

FILE. 060 肝醣

glycogen
- **名稱由來** = 源自葡萄糖
- **主要功能** = 儲存葡萄糖等
- **相關物質** = 葡萄糖等
- **相關部位** = 骨骼肌、肝臟等

類別 多醣

醣類代謝的基本原理

醣類是碳水化合物的主要成分，
在體內分解後會轉換為能量。
首先，要記住醣類代謝一連串的過程。

⬡ 葡萄糖是醣類代謝的核心物質

　　米、小麥和玉米是世界具代表性的主食，一般所說的碳水化合物，其主要成分是醣類。人類透過分解醣類產生名為 ATP 的能量，醣類也是聚糖、核酸、胺基酸和脂質的原料，這些都是細胞或組織的材料。

　　這一系列的過程稱為**醣類代謝**，醣類代謝有糖解與檸檬酸循環兩種典型路徑，而葡萄糖在這個循環中扮演核心角色。

⬡ 產生代謝物的複雜循環

　　在體內被消化和吸收的葡萄糖，得經過複雜的途徑作為能量來源而生成，**糖解**是此途徑的起點。在糖解作用中，葡萄糖轉化為丙酮酸和乙醯輔酶 A，進入檸檬酸循環。在檸檬酸循環中，代謝物和胺基酸會相互轉化，並由代謝物合成脂質。換言之，從糖到胺基酸或脂質生成的過程中，葡萄糖發揮著重要作用。細胞利用此過程中形成的代謝物，產生了 ATP，透過產生的能量，得以進行各種生物活動。

此外，部分的糖進入磷酸戊醣途徑，產生 DNA 的材料核糖 -5- 磷酸，以及合成脂肪酸所需的菸鹼醯胺腺嘌呤二核苷酸（NAD）原料。

逆轉糖解作用的糖質新生

葡萄糖不僅能從體外攝取，還可以在體內產生，糖質新生的路徑如下圖。如果體內葡萄糖過多，就會化為肝醣的形式儲存，並依據身體所需分解成葡萄糖以供使用。由此可見，糖的代謝途徑十分複雜。

糖的代謝途徑

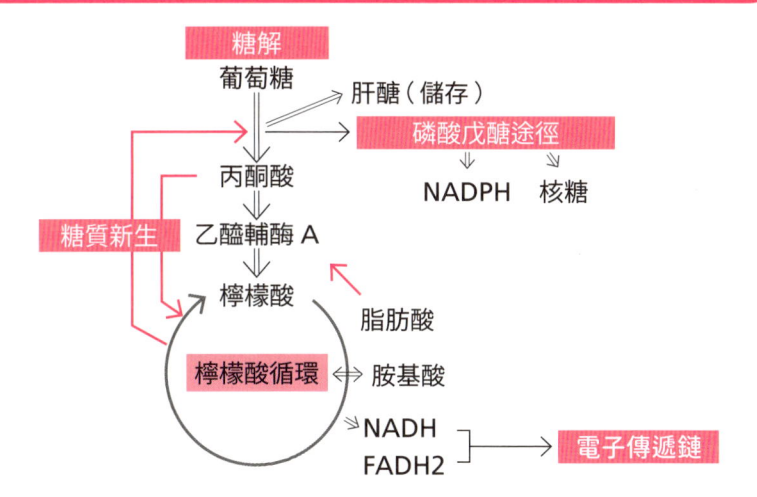

糖解
葡萄糖 → 肝醣（儲存）
↓ → 磷酸戊醣途徑 ⇒ NADPH　核糖
丙酮酸
乙醯輔酶 A
↓
檸檬酸 ← 脂肪酸
檸檬酸循環 ⇔ 胺基酸
→ NADH
　 FADH2 → 電子傳遞鏈

糖質新生（逆向箭頭）

POINT
▶ 分解醣類能產生能量來源。
▶ 葡萄糖是經常被代謝的代表性醣類。
▶ 體內存在糖解、檸檬酸循環等複雜的反應途徑。

解說 糖解的過程

如右圖所示，糖解主要分為 10 個步驟。在糖解過程中，葡萄糖經由 1 分子的中間產物，產生了步驟⑩的 2 分子丙酮酸和 2 分子 ATP。此外，在步驟⑥的甘油醛 3-磷酸分解過程中，產生了 2 分子 NADH，進入電子傳遞鏈後產生 ATP。

在氧氣充足的狀態下，產生的丙酮酸會轉化為乙醯輔酶 A 進入檸檬酸循環，當劇烈運動導致氧氣不足時，會代謝為乳酸。由於丙酮酸可轉化為各種物質，因此在糖代謝的網絡中扮演核心角色。

□ **透過糖解作用產生能量**

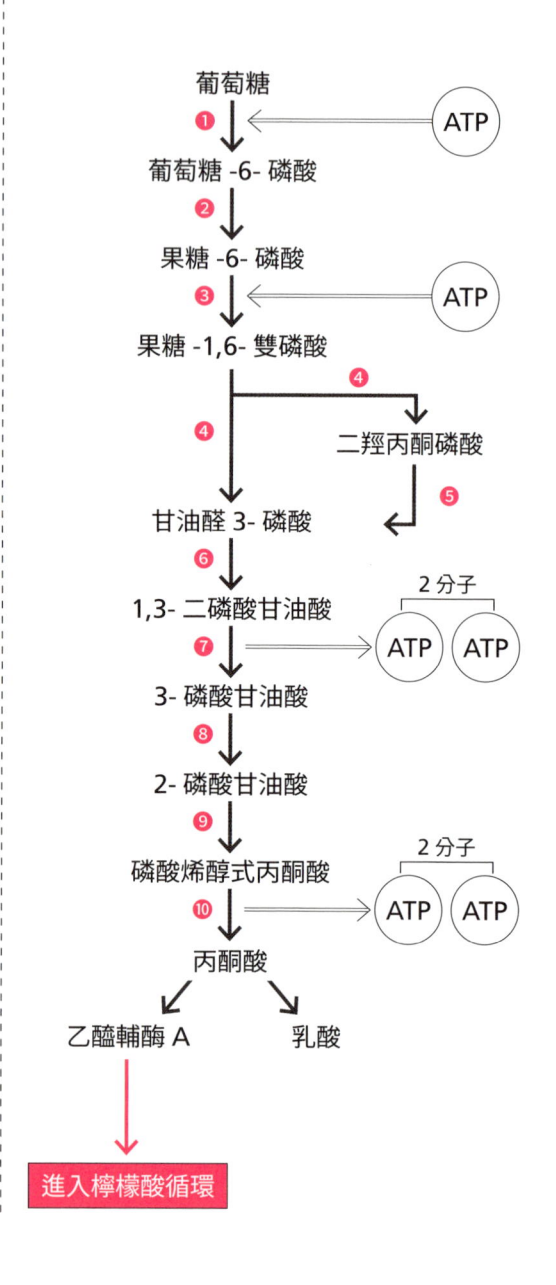

葡萄糖
① ← ATP
葡萄糖 -6- 磷酸
②
果糖 -6- 磷酸
③ ← ATP
果糖 -1,6- 雙磷酸
④ → 二羥丙酮磷酸
④   ⑤
甘油醛 3- 磷酸
⑥
1,3- 二磷酸甘油酸
⑦ → 2 分子 ATP ATP
3- 磷酸甘油酸
⑧
2- 磷酸甘油酸
⑨
磷酸烯醇式丙酮酸
⑩ → 2 分子 ATP ATP
丙酮酸
↙　　↘
乙醯輔酶 A　　乳酸

進入檸檬酸循環

在糖解作用中會產生 2 分子的 ATP！

FILE. 061 六碳糖激酶
hexokinase

- 主要功能＝分解葡萄糖
- 相關物質＝葡萄糖-6-磷酸、ATP 等

（圖中文字：）
糖解
醛縮酶
糖解快結束了
轉化接力！
己醣激酶
甘油醛-3-磷酸脫氫酶
變成丙酮酸了！

隨著各種物質相互作用，糖解會逐漸改變性質，糖解作用產生的丙酮酸轉化為乙醯輔酶 A，並進入檸檬酸循環。

FILE. 062 甘油醛-3-磷酸脫氫酶
GAPDH

- 主要功能＝分解甘油醛 3-磷酸
- 相關物質＝己醣激酶、醛縮酶等

　　己糖激酶是首先進入糖解路徑並對葡萄糖產生作用的物質，葡萄糖透過此作用從 ATP 獲得磷酸基，變成葡萄糖-6-磷酸，接著轉化為果糖-6-磷酸，在醛縮酶（P.108）的作用下，分離成二羥丙酮磷酸和甘油醛 3-磷酸。甘油醛 3-磷酸經甘油醛-3-磷酸脫氫酶的作用脫氫，變成 1,3-二磷酸甘油酸，分離成 ATP 和 3-磷酸甘油酸，最後**轉化為丙酮酸**。

第 2 章　醣類代謝的基本原理

解說　檸檬酸循環

☐ 檸檬酸循環的反應

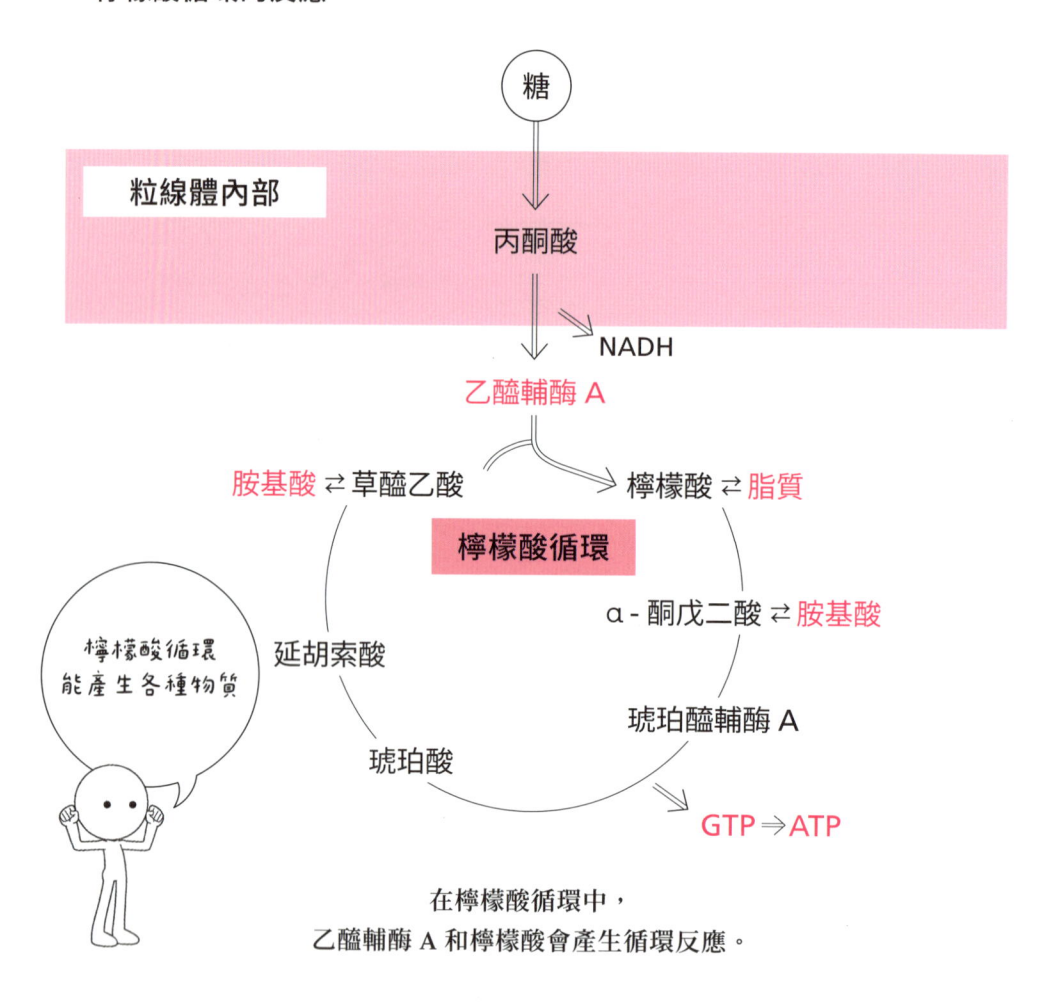

```
        糖
        ↓
┌─────────────────────────┐
│ 粒線體內部              │
│        丙酮酸           │
│         ↓   ↘ NADH     │
└─────────────────────────┘
      乙醯輔酶 A
         ↙     ↘
胺基酸 ⇌ 草醯乙酸    檸檬酸 ⇌ 脂質
        ┌─檸檬酸循環─┐
        │            │
      延胡索酸   α-酮戊二酸 ⇌ 胺基酸
        │            │
       琥珀酸    琥珀醯輔酶 A
                     ↓
                  GTP ⇒ ATP
```

檸檬酸循環能產生各種物質

在檸檬酸循環中，
乙醯輔酶 A 和檸檬酸會產生循環反應。

　　檸檬酸循環是利用乙醯輔酶 A 產生能量的循環，有時也被稱為 TCA 循環或克雷布斯循環，其反應如上圖所示。進入檸檬酸循環的乙醯輔酶 A 與草醯乙酸結合並轉化為檸檬酸，草醯乙酸再次與乙醯輔酶 A 結合，製造檸檬酸。這些循環的所有反應，都是在細胞的粒線體中進行。

FILE. 063 乙醯輔酶 A

acetyl-CoA

名稱由來	= 源自「acetate」，為醋酸之意
主要功能	= 在檸檬酸循環製造 ATP
相關物質	= 丙酮酸、檸檬酸
相關部位	= 肝臟、胰臟等

第 2 章　醣類代謝的基本原理

　　進入檸檬酸循環時，丙酮酸受到丙酮酸去氫酶複合體的作用，在脫氫的同時**釋放二氧化碳**，作為高活性酵素轉換為乙醯輔酶 A，此反應也被稱為「**氧化脫羧**」。乙醯輔酶 A 與粒線體中的草醯乙酸結合，成為檸檬酸。之後，檸檬酸受到順烏頭酸酶等物質的作用，變成三磷酸鳥苷（GTP），開始製造 ATP。

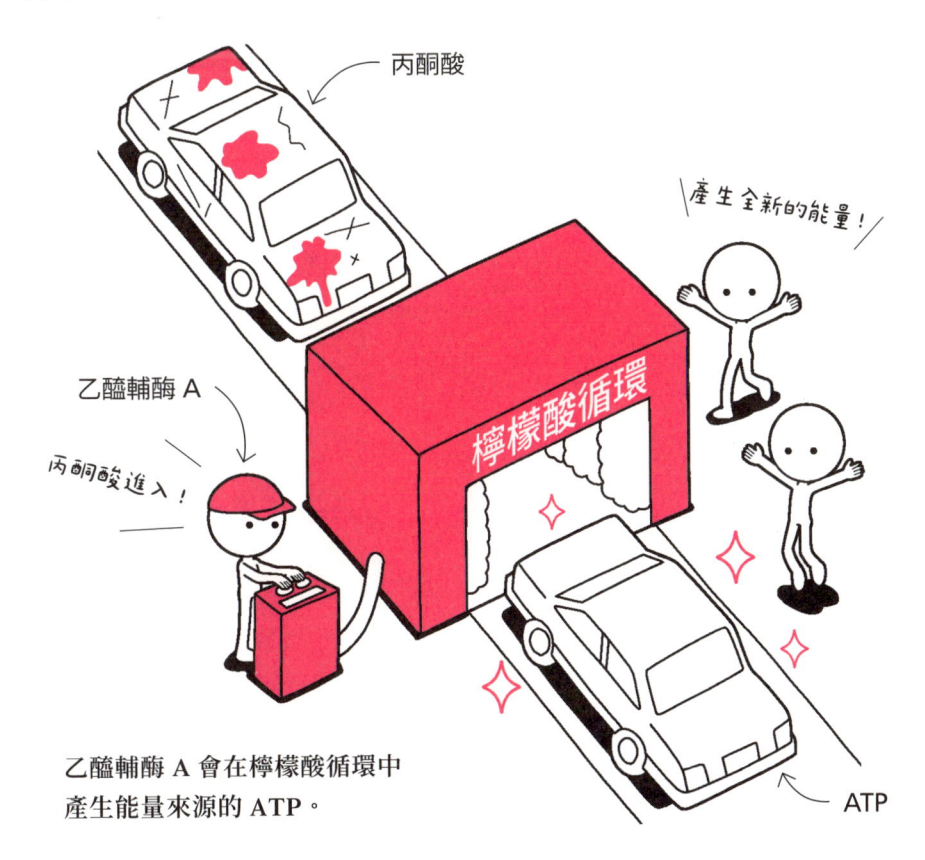

丙酮酸

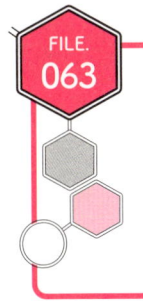

乙醯輔酶 A

丙酮酸進入！

檸檬酸循環

產生全新的能量！

ATP

乙醯輔酶 A 會在檸檬酸循環中產生能量來源的 ATP。

75

FILE. 064 菸鹼醯胺腺嘌呤二核苷酸（NAD）
nicotinamide adenine dinucleotide

| 主要功能 | = 生物體內氧化還原反應等 |
| 相關物質 | = 去氫酶、黃素酶等 |

本軍隊是最強的！

NAD 軍

FAD 軍

奪下電子傳遞鏈

FILE. 065 黃素腺嘌呤二核苷酸（FAD）
flavin adenine dinucleotide

| 主要功能 | = 生物體內氧化還原反應等 |
| 相關物質 | = 血紅素蛋白等 |

76　第 1 部　組成身體的物質

FILE. 066 細胞色素

cytochrome

主要功能 = 生物體內氧化還原反應等
相關物質 = 去氫酶、黃素酶等

電子傳遞鏈是糖代謝的最終階段，能量是透過各物質之間的電子交換所產生。

第 2 章　醣類代謝的基本原理

雖然大家都很強，還是要盡力而為！

細胞色素軍

電子

　　糖解或檸檬酸循環產生的 NAD、FAD 與細胞色素，在粒線體內膜被氧化的過程稱為「電子傳遞鏈」。每種物質會根據其奪走電子的能力而引起氧化還原反應，其能力的強度可大致分為 NAD ＞ FAD ＞ 細胞色素。當電子從氧化能力弱的物質轉移到氧化能力強的物質時，其差值就會成為驅動力，用於生成 ATP。

77

COLUMN

酒精是藥物還是毒物？
其消化與吸收的機制

不分種族或文化，酒精在全世界廣泛被人們所飲用。從化學的角度來看，酒精是碳氫化合物的氫原子被羥基取代所產生。此外，根據酒精被發現的過程，而有乙醇的別稱。一般認為酒精對人體有害，但也被稱為「百藥之王」，在適量飲用的前提下，酒精有促進食慾與血液循環的功效。飲酒過量等問題經常被人們談論，而這個問題與酒精的消化及吸收有密切的關係，以下解說酒精消化與吸收的機制。

肝臟的酵素負責分解酒精

　　進入體內的酒精，首先在胃中被緩慢吸收，一旦進入小腸，吸收速度迅速加快。因此，酒精從胃流動到小腸的速度越快，排泄到血液中的酒精就越多。例如，即使喝同樣的量，空腹時一次喝下高濃度的酒精，其血液中的酒精濃度也會比吃飯時一邊飲用來得更高。

　　肝臟負責代謝血液中的酒精，酒精首先經由乙醛脫氫酶的作用變成**乙醛**。此外，乙醛被乙醛脫氫酶轉化為乙酸，並往肌肉移動。乙酸以乙醯輔酶 A 的形式進入檸檬酸循環，並分解為二氧化碳和水。一般來說，一小時內可分解的酒精量約為「體重 ×0.1g」。

酒精的分解

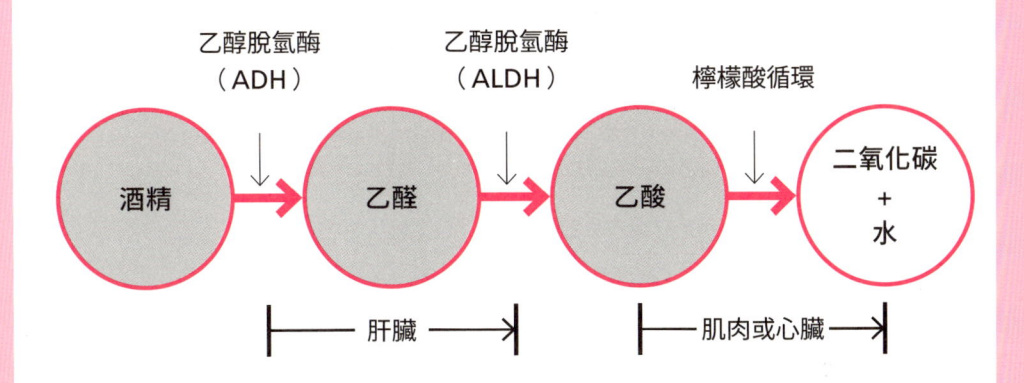

乙醇脫氫酶（ADH） → 乙醇脫氫酶（ALDH） → 檸檬酸循環

酒精 → 乙醛 → 乙酸 → 二氧化碳 + 水

├── 肝臟 ──┤　├── 肌肉或心臟 ──┤

POINT 在酵素的作用下，酒精由乙醛轉化為乙酸，再分解為水和二氧化碳！

酒量差的人是受到基因的影響

分解酒精的乙醛脫氫酶被認為會受到**基因**的影響。在乙醛脫氫酶中，ALDH2 基因型在東亞人中較為常見，有些人甚至沒有酵素活性。換句話說，這些人無法產生分解酒精的酵素，他們往往只要喝下一杯啤酒就會感到不適。因此，天生酒量差的人屬於遺傳性，無法透過生活習慣來改變。

只要喝酒，任何人都會得到脂肪肝？

酒精分解後產生的乙醛，被認為對人體有不良影響，經動物實驗證明酒精具有致癌性，也與人類罹患食道癌有關。此外，酒精還具有容易與DNA 和蛋白質結合的特性，在**飲酒的 8 至 10 小時後會儲存在肝臟，引起暫時性脂肪肝**。如果這種情況持續很長的時間，可能會導致肝硬化，從而造成更加嚴重的疾病。

第 1 部　組成身體的物質

第3章

脂質

雖然脂質往往給人對身體有害的形象，
但其實是優秀的能量儲存庫。
脂質的生產效率比醣類還高，
在劇烈運動時會被消耗掉。
脂質主要由脂肪酸組成，
並分為可由體內合成與不能合成的類型。

INTRODUCTION

生產能量效率高的脂質

　　雖然脂質常被視為是節食的敵人，但它是儲存能量的重要物質，與蛋白質和醣類並稱為三大營養素。雖然醣類也可作為能量使用，但相較於每 1 克的醣類生產 4kcal 的能量，每 1 克脂質的能量生產效率高達 9kcal。

　　脂質天然不溶於水，難以在體內移動，但當脂質與蛋白質結合形成脂蛋白時，會透過血液輸送到全身。

中性脂肪為能量的儲存庫

　　儲存於脂肪細胞的中性脂肪，是能量的儲存庫。在能量短缺的時候，中性脂肪會將體內沒有被使用的多餘脂質轉化為能量加以儲存，三酸甘油酯是典型的中性脂肪。

在體內運輸脂質的脂蛋白

　　油與水不相溶是眾所皆知的常識，但脂質在體內也具有難以溶解的性質。為了輸送體內的物質，這些物質必須在水分中溶解，才能在血液中移動。因此，許多脂質會與蛋白質結合，成為脂蛋白的形式存在，就像一輛運輸脂質的卡車。

構成脂質的脂肪酸分類

　　構成脂質的脂肪酸大致可分為飽和脂肪酸和不飽和脂肪酸兩類，飽和脂肪酸是指常溫下的固體油脂，例如奶油、乳酪等乳製品。另一方面，不飽和脂肪酸是指常溫下的液體油脂，大量存在於植物油或魚類中。在這些脂肪酸中，無法在體內無法合成的稱為必需脂肪酸，脂肪酸經由代謝轉化為乙醯輔酶 A 等物質。

POINT
- 中性脂肪是能量不足時可加以利用的儲存庫。
- 為了在血液中移動，脂質會轉化為脂蛋白。
- 脂肪酸分為飽和脂肪酸和不飽和脂肪酸。

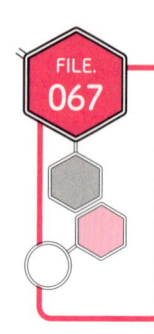

FILE. 067 油酸

oleic acid

名稱由來	源自從橄欖油分離而形成
主要功能	減少低密度脂蛋白等
相關物質	芥酸等
相關部位	無

　　油酸是具有 18 個碳原子和順式雙鍵結合的脂肪酸，又稱順式 9- 十八碳烯酸，由於是在橄欖油中發現的而得名，大量存在於動物性脂肪中。豬油約含有 50% 左右的油酸，也被認為是**評斷肉類風味的指標**。體內攝取過多的醣類或蛋白質，會轉化為儲存脂肪。就其生理功能而言，據研究報告指出，油酸具有**降低造成動脈硬化的低密度膽固醇**的作用。

衣服髒掉了
壞菌
加入橄欖油清洗看看！
橄欖油
洗得一乾二淨了！

油酸的減少低密度膽固醇等效果令人期待。

類別 不飽和脂肪酸、omega-9 脂肪酸

FILE. 068 亞油酸

linoleic acid

名稱由來	源自希臘文的「linon」，為「亞麻」之意
主要功能	降低血中膽固醇等
相關物質	共軛亞油酸、花生四烯酸等
相關部位	無

第 3 章 脂質

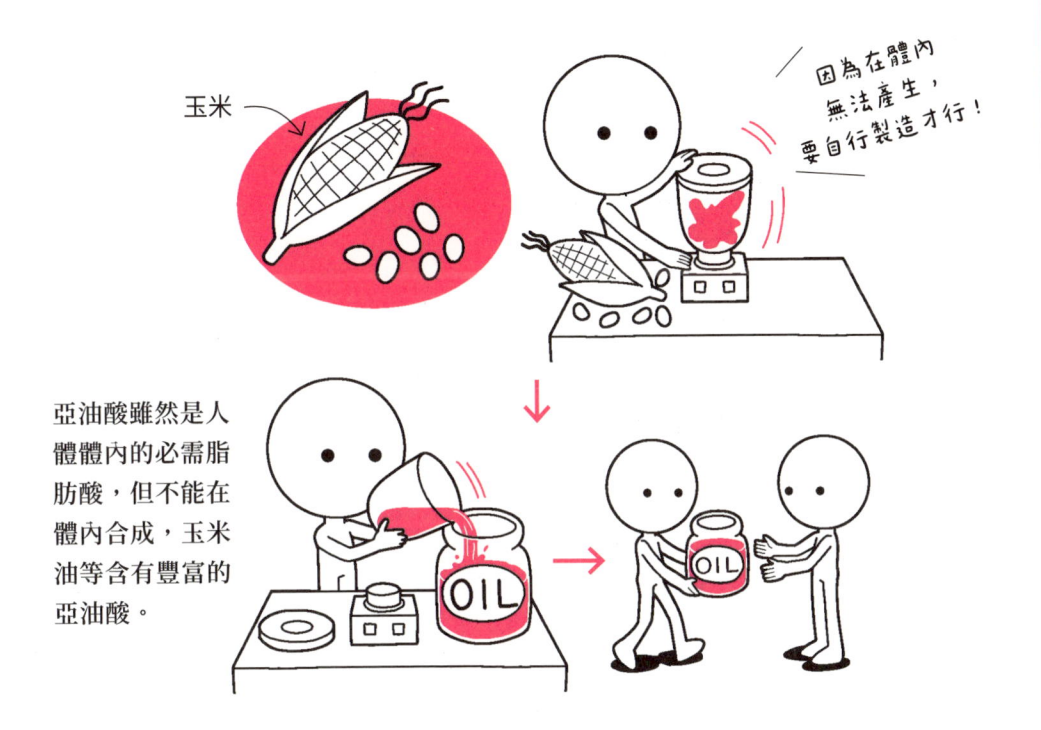

玉米

因為在體內無法產生，要自行製造才行！

亞油酸雖然是人體體內的必需脂肪酸，但不能在體內合成，玉米油等含有豐富的亞油酸。

　　亞油酸是具有 18 個碳原子和兩個順式雙鍵結合的脂肪酸，它大量存在於植物葉子和種子油中，亞油酸無法在人體體內合成，**作為營養素之一是相當重要的必需脂肪酸**。據研究報告指出，適量攝取亞油酸可降低血中膽固醇，若攝取不足會導致皮膚等部位的異常。此外，位置異構物「**共軛亞油酸（CLA）**」因其抑制癌症發生和減少體脂肪的作用而受到關注，並且正在各領域的研究取得進展。

類別 不飽和脂肪酸、omega-6 脂肪酸、必需脂肪酸

FILE. 069 花生四烯酸

arachidonic acid

名稱由來	源自英文的「arachnoid」，意指花生表面的蛛網膜
主要功能	產生前列腺素等
相關物質	磷脂、亞油酸等
相關部位	腦等

大口大口吃

呼！吃太多了

肉、魚、蛋等食物含有大量的花生四烯酸，是引起發燒或疼痛的前列腺素材料。

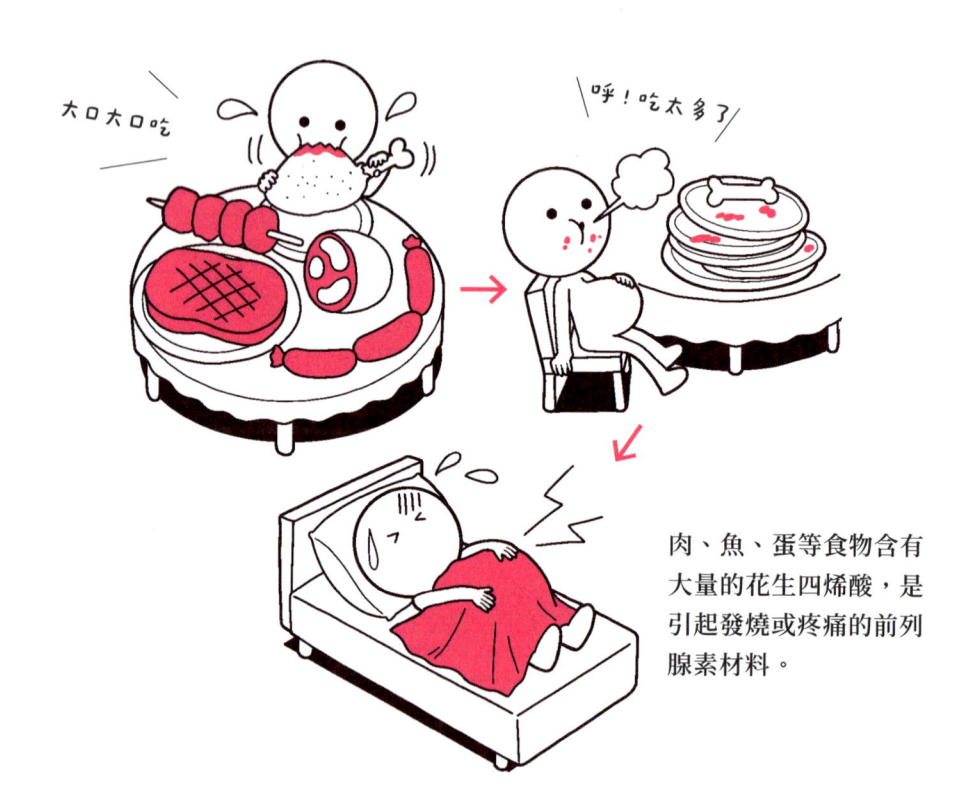

　　花生四烯酸是具有 20 個碳原子和 4 個雙鍵的脂肪酸，對許多動物來說，它是必須透過食物攝取的必需脂肪酸，但在人體內**是由亞油酸產生**。因此，嚴格來說，花生四烯酸不被視為必需脂肪酸。花生四烯酸以磷脂形式存在於細胞膜中，在腦中的含量特別豐富。當身體組織受損時，構成磷脂的花生四烯酸會**轉化為導致發燒或疼痛的前列腺素**。

類別	不飽和脂肪酸、omega-6 脂肪酸

第 1 部　組成身體的物質

FILE. 070 EPA / DHA

(EPA)二十碳五烯酸 /(DHA)二十二碳六烯酸

主要功能 ＝ 降低血中膽固醇等
相關物質 ＝ α-亞麻酸、二十二碳五烯酸（DPA）等
相關部位 ＝ 眼睛、腦等

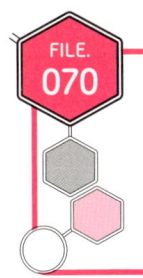

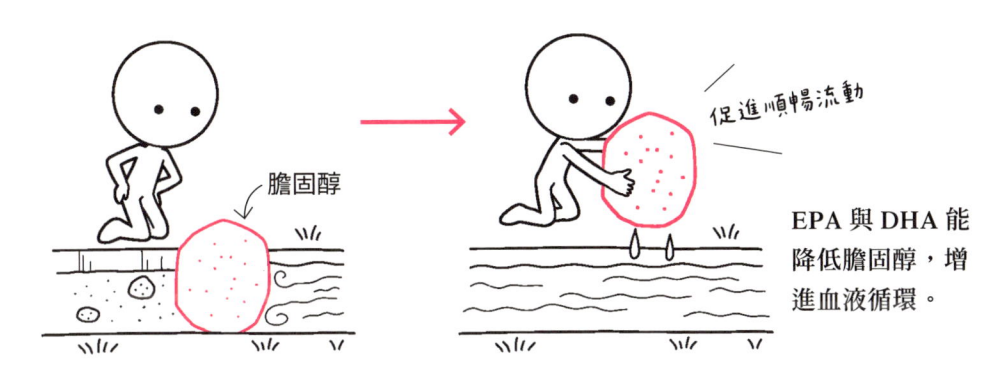

膽固醇

促進順暢流動

EPA 與 DHA 能降低膽固醇，增進血液循環。

　　EPA 與 DHA 都是具代表性的 omega-3 脂肪酸，在魚類等油脂中含量豐富。EPA 有 20 個碳原子和 5 個雙鍵、DHA 有 22 個碳原子和 6 個雙鍵。雖然可以透過食物攝取，但進入體內的 α-亞麻酸在脂肪酸鏈延長酶和去飽和酶的作用下轉化為 EPA，然後經由二十二碳五烯酸產生 DHA。根據研究報告指出，EPA 和 DHA 具有降低血液膽固醇和抑制過敏反應等功能。

EPA／DHA

EPA 和 DHA 是視網膜和精子的必需成分。

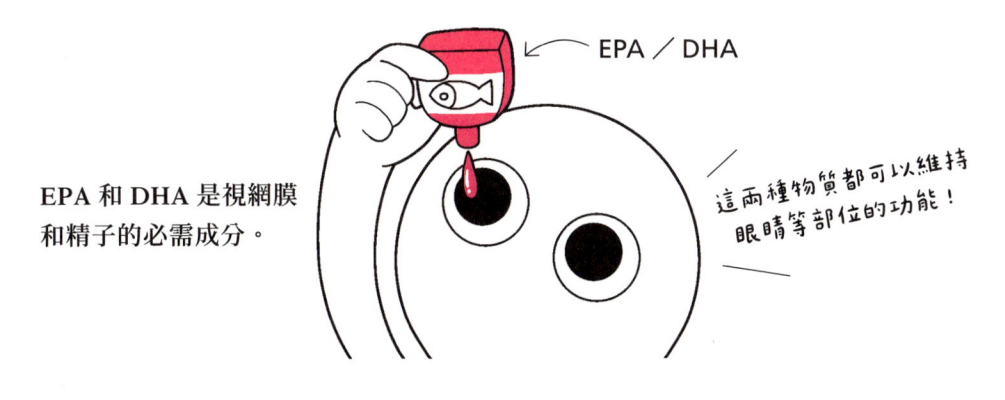

這兩種物質都可以維持眼睛等部位的功能！

類別　不飽和脂肪酸、omega-3 脂肪酸

第 3 章　脂質

FILE. 071 α-亞麻酸

alpha-linolenic acid

名稱由來	源自亞油酸中添加了一個雙鍵而得名
主要功能	維持腦機能或視網膜機能等
相關物質	EPA、DHA 等
相關部位	眼睛、腦部等

紫蘇油讓我充滿精神！

啾啾

即使吃了好像也沒什麼精神

紫蘇等食物含有豐富的 α-亞麻酸，攝取後會在體內轉化為 DHA。然而，也有報告指出，α-亞麻酸在人類體內的轉化率較低。

　　α-亞麻酸是有 18 個碳原子和 3 個雙鍵的脂肪酸，紅紫蘇、紫蘇、油菜等植物的葉子含有豐富的 α-亞麻酸，由於熔點較低，不適合儲存，因此即使大量食用也不會變成儲存脂肪。因此，跟其他的脂質相比，α-亞麻酸**更容易轉化為熱量和能量**。α-亞麻酸會在體內產生 EPA 或 DHA，除了能**維持大腦和視網膜功能**外，近年來也有學者研究 α-亞麻酸與憂鬱症等精神疾病的關係。

類別　不飽和脂肪酸、omega-3 脂肪酸、必需脂肪酸

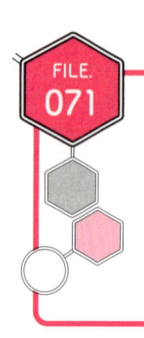

FILE. 072 磷脂

phospholipid

名稱由來	源自英文的「pgospho」,為「磷」之意
主要功能	構成細胞膜、輸送蛋白質等
相關物質	卵磷脂、腦磷脂等
相關部位	細胞、血液等

第3章 脂質

　　磷脂是構成細胞膜的物質,具有雙層結構,膜蛋白質和膽固醇夾在磷脂之間,形成細胞膜。當脂肪在體內作為能量被使用或儲存時,**磷脂會與蛋白質結合並透過血液運輸**。磷脂有多種類型,具代表性的有**卵磷脂、腦磷脂和磷脂醯絲胺酸**等。

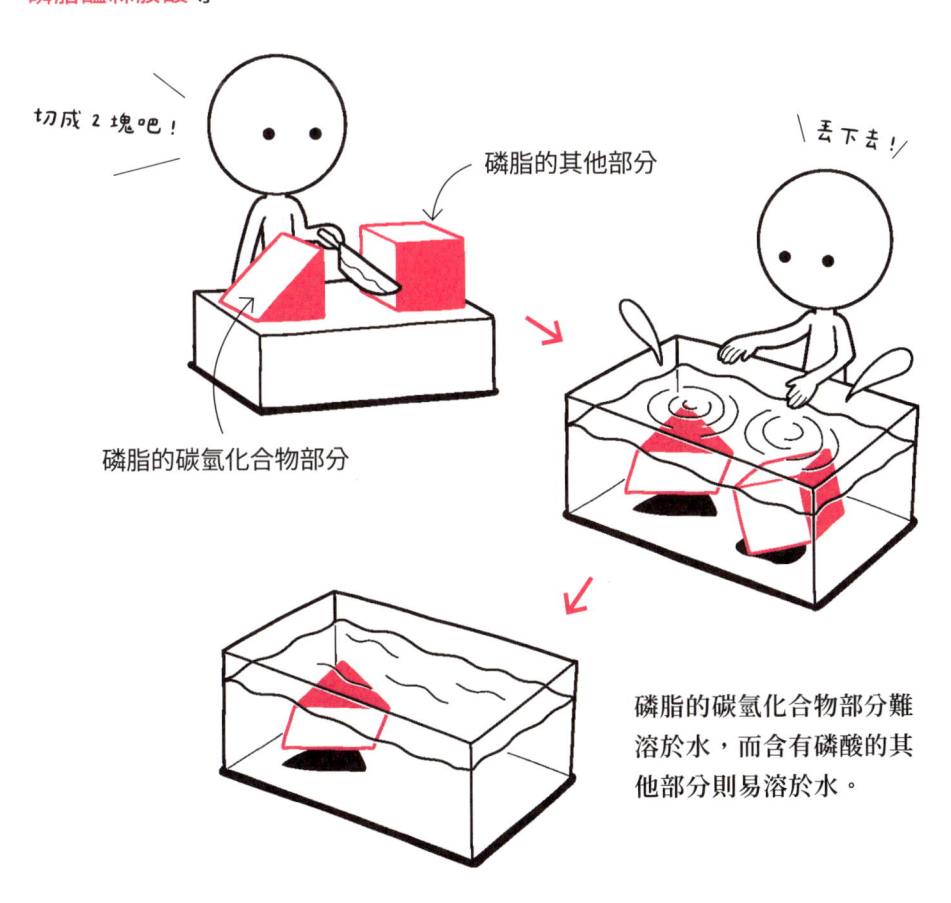

切成2塊吧!

磷脂的其他部分

丟下去!

磷脂的碳氫化合物部分

磷脂的碳氫化合物部分難溶於水,而含有磷酸的其他部分則易溶於水。

87

FILE. 073 類固醇

steroid

名稱由來	源自希臘文的「stereos」,為「立體」之意
主要功能	膽固醇和荷爾蒙的原料,或是用於藥物等
相關物質	膽固醇、皮質類固醇等
相關部位	細胞、腦、肝臟、關節等

　　類固醇為具有四環母核的化合物的總稱,代表性物質包括**膽固醇、膽酸和皮質類固醇**等,是由脂肪酸和醇結合的簡單脂質,或含有磷、氮等複合脂質經水解而引發的脂質。尤其以類固醇激素被廣泛使用於藥物領域,但長期使用可能會增加罹患**血脂異常等疾病**的風險,並與糖或脂質代謝密切相關。

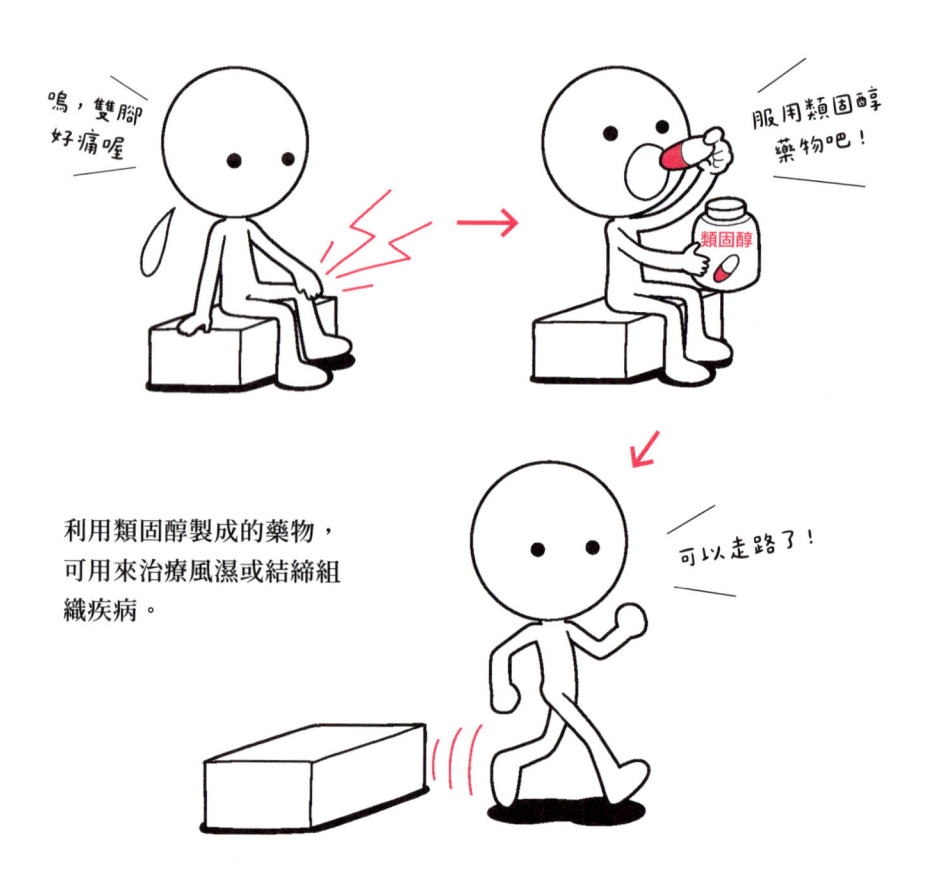

嗚,雙腳好痛喔

服用類固醇藥物吧!

類固醇

利用類固醇製成的藥物,可用來治療風濕或結締組織疾病。

可以走路了!

FILE. 074 膽固醇

cholesterol

名 稱 由 來	元素為氯的氯代（chloro）與固醇脂質（sterol）的複合詞
主 要 功 能	構成細胞膜、產生膽酸等
相 關 物 質	膽固醇、皮質類固醇等
相 關 部 位	細胞、腦、肝臟、等

好膽固醇與壞膽固醇的戰鬥永無止境……

好膽固醇　壞膽固醇

血液中的 LDL（壞膽固醇）和 HDL（好膽固醇）之間的平衡，對於維持健康非常重要。

膽固醇大量存在於大腦或膽汁中，約佔大腦組成成分的 2%，除了形成細胞膜，當皮膚暴露在紫外線時，還可以透過膽固醇產生維生素 D，對維持生物活動至關重要。膽固醇的血中濃度較高，是造成動脈硬化的原因。

FILE. 075 膽酸

bile acid

名 稱 由 來	源自膽汁的英語「bile」
主 要 功 能	脂肪的消化與吸收等
相 關 物 質	脂肪酸、微胞等
相 關 部 位	肝臟、消化道等

膽酸是膽汁的主要成分，肝臟一日大約分泌 500 至 1000 毫升的膽酸。膽酸能乳化脂肪，並促使體內更容易接收酵素的作用，以幫助消化脂肪。此外，膽酸也與脂肪分解產生的脂肪酸和甘油結合，形成微胞。

解脂酶　膽酸　解脂酶加油啊！

膽酸促進解脂酶的功能，與脂質形成微胞，有助於其吸收。

第 3 章　脂質

FILE. 076 酮體

ketone bodies

名稱由來	源自英文的「ketone」，為「具有酮基」之意
主要功能	產生能量等
相關物質	乙醯輔酶 A、胰島素等
相關部位	肌肉、腎臟、腦、肝臟等

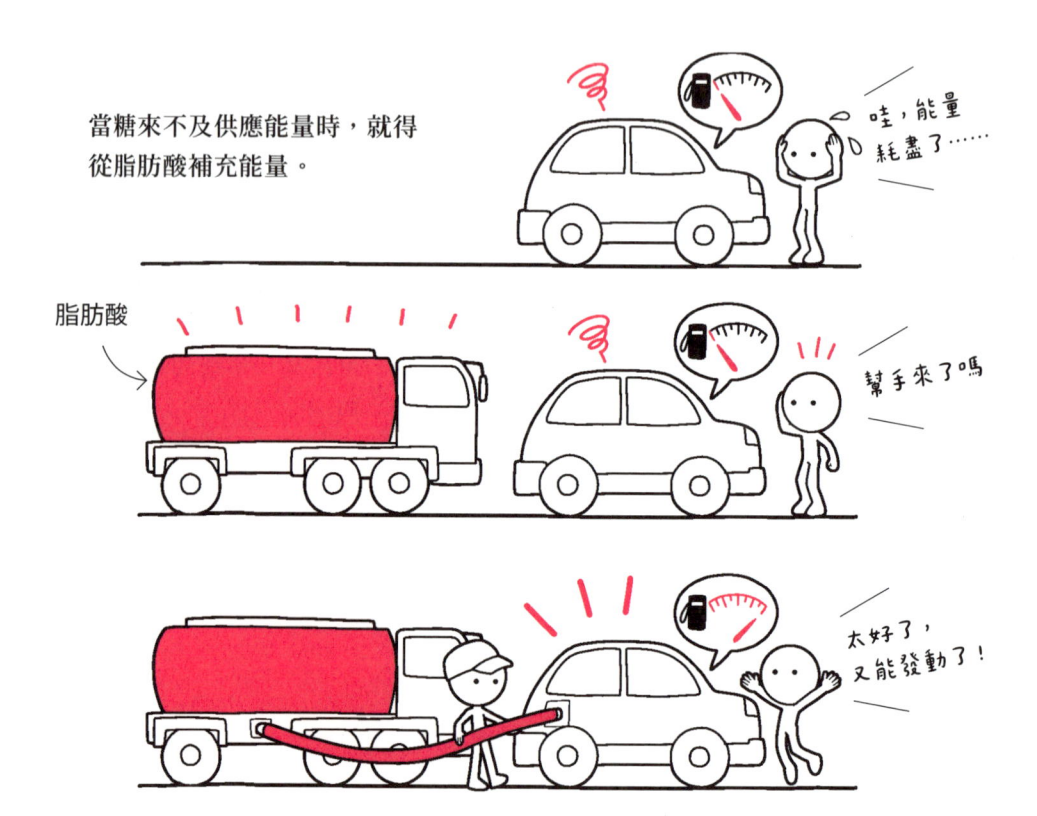

當糖來不及供應能量時，就得從脂肪酸補充能量。

脂肪酸

哇，能量耗盡了……

幫手來了嗎

太好了，又能發動了！

　　酮體是透過脂肪酸氧化後，由乙醯輔酶 A 所產生的丙酮、乙醯乙酸和 β-羥基丁酸的總稱。人在禁食或處於胰島素作用不足的狀態（飢餓狀態）時，脂肪酸在肝臟中被氧化變成酮體，在骨骼肌、心肌、大腦、腎臟等處重新轉化為能量。近年來，生酮飲食的瘦身效果備受矚目，但如果酮體累積過量，就會導致酮血症，進而引發疾病。

解說 — 其他的天然脂肪酸

可能有很多人並不知道，據說 omega-7 脂肪酸具有降低膽固醇和預防高血壓的效果。另外，像是棕櫚酸等碳原子數為 13 以上的脂肪酸，被歸類為長鏈脂肪酸，構成動植物的細胞膜。

芥酸

具有 22 個碳原子的不飽和脂肪酸，屬於 omega-9 脂肪酸。以芥菜籽製成的植物油含有大量的芥酸，過量攝取會導致心臟損傷，現在大多被芥花油所取代。

棕櫚酸

具有 16 個碳原子，被歸類為長鏈脂肪酸。棕櫚酸是棕櫚油和椰子油的成分，大量存在於具有皮膚保濕作用的馬魯拉油中，非洲各國經常使用。

棕櫚油酸

具有 16 個碳原子與雙鍵結構的 omega-7 脂肪酸，澳洲堅果油含有高濃度的棕櫚油酸，可以促進肝臟的脂質代謝，並減少糖尿病所引起的高血糖。

異油酸

具有 18 個碳原子與雙鍵結構的 omega-7 脂肪酸，牛奶、奶油、優格等含有豐富的異油酸。據報告指出，異油酸的順式異構體具有降低膽固醇的作用。

塔日酸

在脂肪酸中較為罕見，具有三鍵結構。塔日酸可以有效抑制咳嗽、食慾不振或膽汁疾病，據報告指出，還可以促進胰島素分泌。

> 脂肪酸依結構而分類，作用也有所不同！

脂質的代謝過程

脂質在補充短缺的能量時發揮重要作用，
乙醯輔酶A是其中的關鍵物質。

分解中性脂肪的解脂酶

　　脂質代謝主要在能量不足的時候發生，脂肪組織中含有名為解脂酶的酵素，可以分解中性脂肪，當需要分解中性脂肪時，為了活化酵素，激素就會產生作用。

　　例如，升糖素（P.222）或腎上腺素（P.207）會啟動解脂酶的開關，而胰島素則是扮演關閉開關的角色，活化後的解脂酶負責分解中性脂肪，並產生脂肪酸，進入各組織中。

在粒線體發生的β-氧化

　　中性脂肪在解脂酶的作用下分解成甘油和脂肪酸，接著脂肪酸會發生名為 β-氧化 的反應。首先，脂肪酸在細胞質中轉化為醯基輔酶A，並進入粒線體。然而，由於醯基輔酶A無法直接進入粒線體，因此會先與肉鹼結合後被吸收，並再次轉化為醯基輔酶A。在粒線體內，醯基輔酶A經過如右圖所示的反應，釋放乙醯輔酶A。透過重複此反應，醯基輔酶A變成乙醯輔酶A，並進入檸檬酸循環。

β-氧化簡化圖

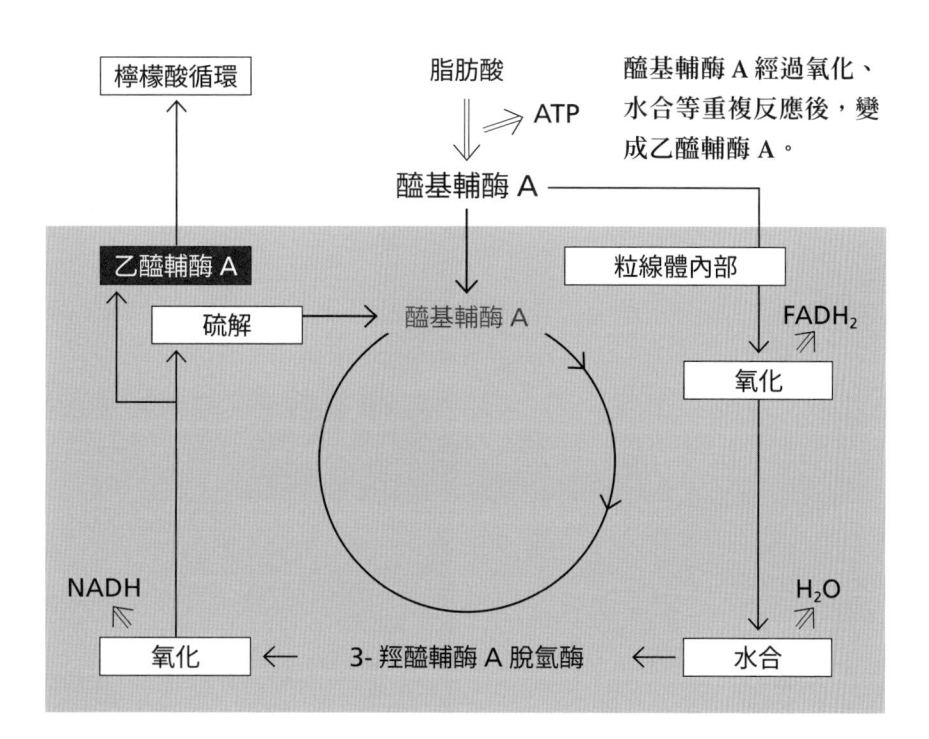

```
檸檬酸循環        脂肪酸        醯基輔酶 A 經過氧化、
   ↑              ⇓⇒ ATP      水合等重複反應後，變
                   ↓           成乙醯輔酶 A。
                醯基輔酶 A ─────────┐
┌─────────────────────────────────────┐
│ 乙醯輔酶 A              粒線體內部    │
│     ↑       醯基輔酶 A         FADH₂ │
│    硫解  →                      ↗   │
│     ↑                          氧化  │
│                                 ↑   │
│                                     │
│  NADH                          H₂O  │
│   ↗                             ↗   │
│  氧化 ← 3-羥醯輔酶 A 脫氫酶 ← 水合   │
└─────────────────────────────────────┘
```

乙醯輔酶A是關鍵物質

　　透過 β-氧化產生的乙醯輔酶 A，為生產 ATP 的能量來源。葡萄糖雖然會產生兩個乙醯輔酶 A，但由於大多數的脂肪酸由 10 至 20 個以上的碳所組成，因此能產生比醣類更多的乙醯輔酶 A，這也是脂質代謝比糖代謝更具效率的原因。

　　此外，脂肪酸也能在體內合成。當乙醯輔酶 A 經由酵素反應轉化為丙二醯輔酶 A，並且碳重複鍵結合時，就會發生脂肪酸的合成。該合成是透過檸檬酸循環中產生的檸檬酸轉運至細胞質所進行的。

FILE. 077 三酸甘油酯

triglyceride

名稱由來	英文的 3（tri）與甘油（glycerine）的複合語
主要功能	構成脂肪組織等
相關物質	解脂酶、微胞等
相關部位	十二指腸、肝臟等

進入體內的脂肪中，以**中性脂肪**佔多數，其中大部分透過十二指腸所分泌的**解脂酶進行分解**。在此過程中，膽酸與脂肪結合形成乳化脂肪，有助於解脂酶的作用。

大部分的中性脂肪（三酸甘油酯）會被胰臟所分泌的解脂酶分解，並儲存在脂肪組織中。

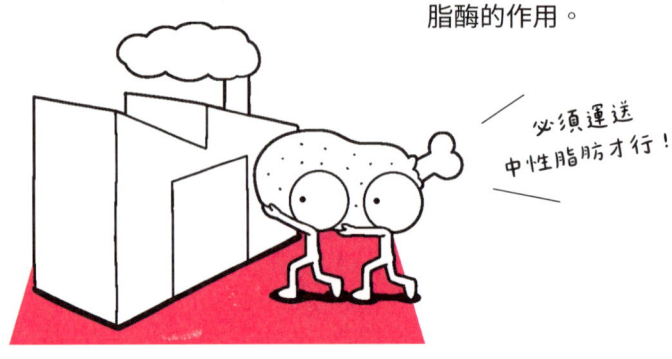

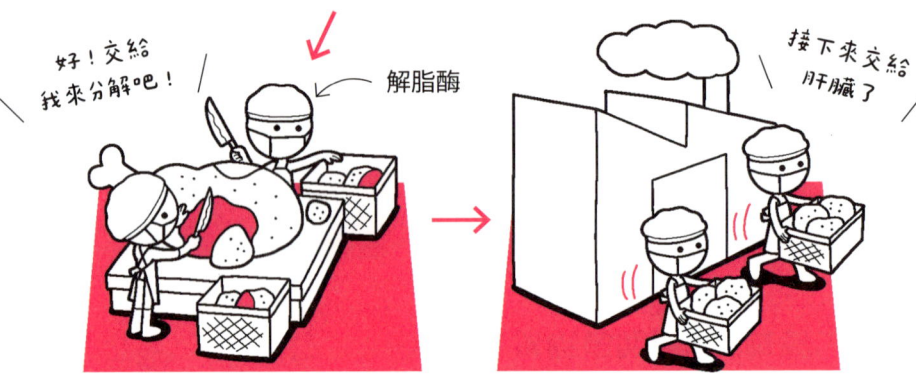

必須運送中性脂肪才行！

好！交給我來分解吧！

解脂酶

接下來交給肝臟了

解脂酶是**分解酯鍵**的酵素，特別是胰液脂肪酶會對三酸甘油酯產生作用，產生**兩個脂肪酸分子和單酸甘油酯**。以這種方式被分解的部分脂肪酸在小腸中被吸收，並通過微血管輸送到肝臟。

FILE. 078 解脂酶

lipase

名稱由來	源自希臘文的「lipos」，為「脂肪」之意
主要功能	分解脂肪等
相關物質	脂肪酸、三酸甘油酯等
相關部位	胰臟等

FILE. 079 甘油

glycerin

名稱由來	源自希臘文的「glukus」，為「甜的」之意
主要功能	與膽酸結合，產生能量等
相關物質	三酸甘油酯、膽酸、解脂酶等
相關部位	肝臟等

第 3 章　脂質的代謝過程

解脂酶（準備分解中）

帶膽酸過來了！

甘油

甘油會因與膽酸結合後，變得容易受到脂肪酶的作用。

　　甘油是**構成三酸甘油酯**的物質，學名丙三醇，為醇的一種。三酸甘油酯被解脂酶分解為脂肪酸和甘油後，經磷酸化、脫氫成為甘油醛 3- 磷酸，經由乙醯輔酶 A **進入肝臟的檸檬酸循環並進行代謝**。由於甘油極易溶於水且具有很強的保濕能力，因此被用於化妝品或藥品的領域中。

95

FILE. 080 微胞

micelle

- **名稱由來** = 源自拉丁文的「mica」，為「粒子」之意
- **主要功能** = 脂肪的吸收等
- **相關物質** = 三酸甘油酯、膽酸等
- **相關部位** = 小腸等

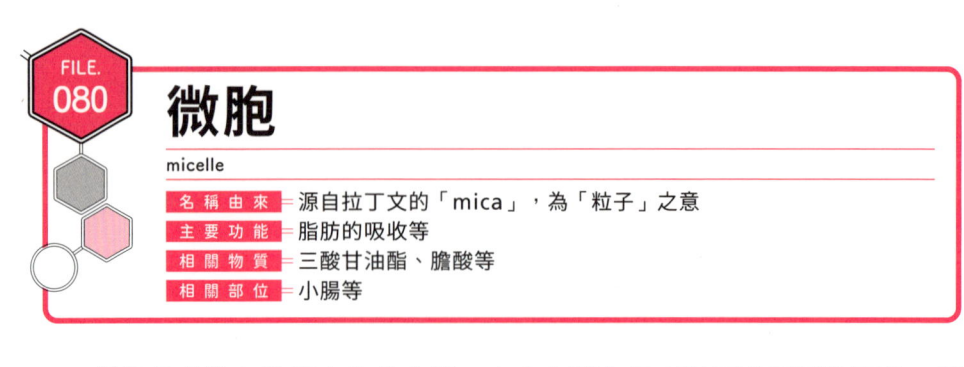

微胞是分散在液體中的集合體，它會在體內各處引起表面活性現象。透過膽汁中含有的膽鹽，可將攝取的油脂溶解進微胞中，或是以乳化的方式來**幫助酵素發揮作用**。藉由表面活性促進脂肪吸收，由於脂質難以溶於水，是消化和吸收所不可或缺的物質。

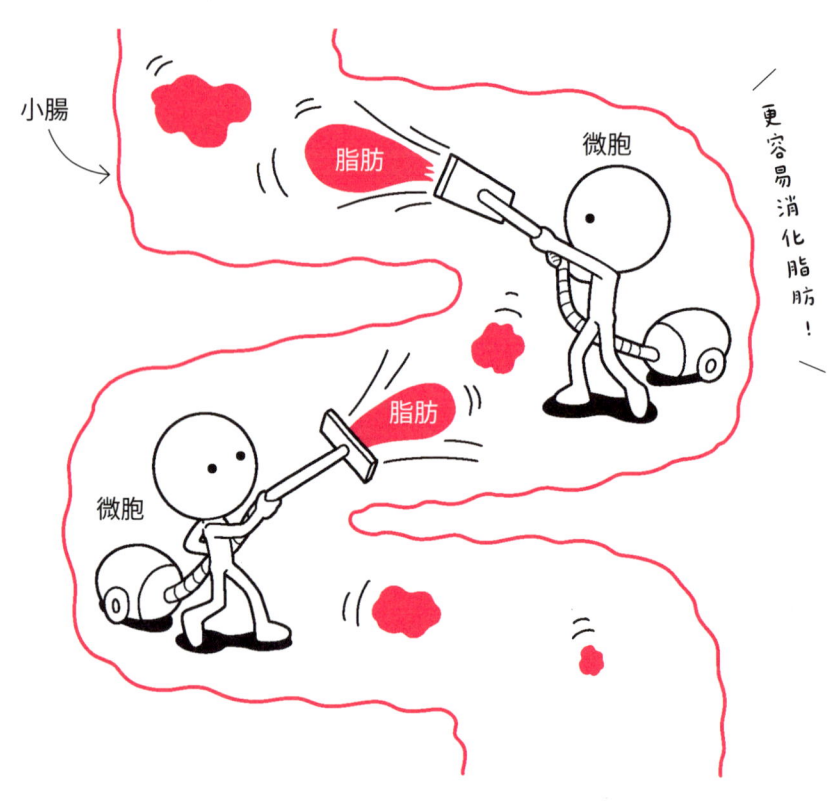

微胞是促進脂肪吸收的界面活性劑，廣泛應用於洗滌劑中。

膽固醇的合成

膽固醇常常被視為不好的物質，
但它實際上是生物體內不可欠缺的重要物質，
也會在肝臟或小腸中被合成。

存在於體內的膽固醇

膽固醇通常被認為是對健康有害的物質，但它也是維持生物機能的<u>激素原料</u>，是體內運輸各種物質所不可或缺的脂質。由於膽固醇為脂溶性，難溶於水，在血漿中 1 分升的含量約為 150～200 毫克。在血液中，大部分的膽固醇與脂肪酸結合，單獨存在的比例約為 30%。

膽固醇會在大多數器官中合成，特別是在肝臟、小腸和腎上腺皮質中合成得很旺盛。

穿過細胞膜的孔洞

膽固醇需要大量的碳原子，所有的碳原子都是<u>由乙酸提供</u>。乙酸被活化並變成乙醯輔酶 A，以及名為甲羥戊酸的有機酸，接著二氧化碳消失並產生鯊烯後合成膽固醇。

此外，膽固醇的合成量，會透過食物中攝取的膽固醇量獲得調節。當攝取量減少時，膽固醇會在肝臟或小腸中合成，以維持合適的含量。換句話說，如果從飲食攝取高含量的膽固醇，體內的合成量就會減少。

第 1 部　組成身體的物質

第 4 章

酵素

酵素在生物體內引起化學反應，
促進物質的合成或分解。
酵素只會對特定的物質發生反應，
並且有名為受質的伙伴。
酵素的種類大約有5900種，
依照一定的法則分類和命名。

INTRODUCTION

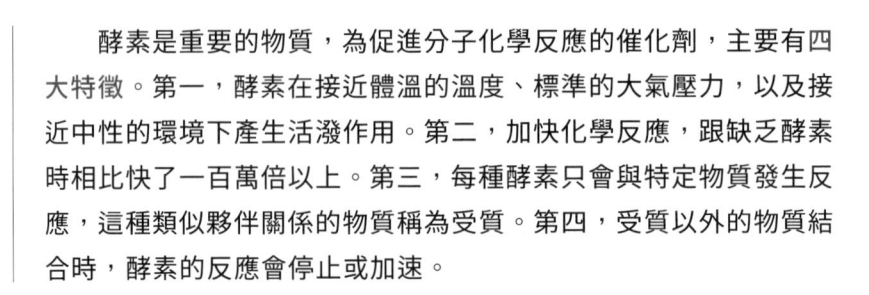

　　酵素是重要的物質，為促進分子化學反應的催化劑，主要有四大特徵。第一，酵素在接近體溫的溫度、標準的大氣壓力，以及接近中性的環境下產生活潑作用。第二，加快化學反應，跟缺乏酵素時相比快了一百萬倍以上。第三，每種酵素只會與特定物質發生反應，這種類似夥伴關係的物質稱為受質。第四，受質以外的物質結合時，酵素的反應會停止或加速。

酵素的可逆與不可逆反應

　　酵素的反應不是單方面的，它會附著在產物上，有時候會再次回到受質。當體內的產物較多，而受質較少的時候，就會發生這種反應，稱為 可逆反應。另一方面，如果產物被快速消耗，或具有難以與酵素結合的特性時，則不會發生可逆反應。此反應是單向反應，稱為 不可逆反應。透過酵素的這些功能，體內得以進行合成或分解。

酵素的種類大約有5900種

　　截至二〇一七年，已知的酵素種類約有 5900 種。因此，根據酵素的分類，建立了一定的命名規則，所有酵素都有相似的名稱。此外，各個酵素的分類中，也被分配有稱為 EC 編號的序號。

EC編號	英文名稱	中文名稱
1	oxidoreductase	氧化還原酶
2	transferase	轉移酶
3	hydrolase	水解酶
4	lyase	解離酶
5	isomerase	異構酶
6	ligase	連接酶

POINT
▶ 酵素加速或停止與特定物質（受質）的化學反應
▶ 依據酵素所產生的物質，發生可逆和不可逆反應
▶ 可根據酵素的特性進行分類

解說 氧化還原酶

氧化還原酶是催化兩個分子之間的電子轉移反應，同時引發氧化和還原反應的酵素。可分為伴隨著氫的電子轉移，以及電子單獨轉移的反應。

此外，根據氧化還原酶的功能分為多種類型，最具代表性的是**去氫酶**與**氧化還原酶**。例如，乳酸脫氫酶將乳酸中的氫分離出來，產生丙酮酸，有助於產生能量。

另一方面，氧化酶在活性氧等反應中發揮重要作用。NADPH 氧化酶透過電子還原氧的方式，來參與活性氧之一的超氧化物生成。由於活性氧累積過量對身體有害，**氧化酶和其他物質肩負著體內排毒的作用**。

氧化還原酶產生反應的對象有限，包括 **NAD、NADPH、FAD、細胞色素、氧和過氧化氫**等，在葡萄糖或乳酸的分解以及 ATP 的合成中扮演重要角色。

□ 氧化還原酶的主要種類

分類	主要反應
脫氫酶	引起脫氫反應
單加氧酶	將氧原子附著到受質上
過氧化物酶	使用過氧化物作為電子受體
過氧化氫酶	過氧化氫相互氧化與還原

氧化還原酶同時引起氧化和還原反應，並參與生產能量或解毒作用等過程！

FILE. 081 乳酸脫氫酶

lactate dehydrogenase

名稱由來	= 英文的乳酸「lactate」和脫氫酵素「dehydrogenase」的複合語
主要功能	= 生產能量等
相關物質	= 丙酮酸、NAD 等
相關部位	= 肌肉等

第 4 章 酵素

乳酸脫氫酶是存在於包括動物或植物在內的各種生物細胞質中的酵素，一般被稱為 LDH。乳酸脫氫酶結合丙酮酸和 NAD（菸鹼醯胺腺嘌呤二核苷酸）後，產生乳酸和 NAD+，NAD+ 透過糖解轉化為能量。

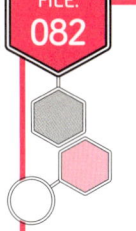

我也要！

不好意思，能量不夠了

了解！立刻處理！

乳酸脫氫酶

FILE. 082 細胞色素 c 氧化酶

cytochrome c oxidase

名稱由來	= 為含有血基質鐵的細胞色素與氧化反應酵素「oxidase」的複合語
主要功能	= 輸送與供給質子等
相關物質	= 細胞色素 c、質子等
相關部位	= 神經系統等

細胞色素 c 氧化酶是存在於粒線體內膜上的膜蛋白質之一，在氧化食物中發揮作用。細胞色素 c 氧化酶從細胞色素 c 接收電子，並伴隨將氧還原成水的反應，將 ATP 合成所需的質子輸送並供給至粒線體膜間隙，是生物活動的重要酵素。

要運送電子嗎？我了解了！

麻煩運送這個！

電子

細胞色素 c 透過轉移電子的形式，負責蛋白質中的電子輸送。

| 類別 | 氧化還原酶 |

解說 轉移酶

　　轉移酶是將部分化合物（官能基）轉移到其他化合物的反應之酵素。轉移官能基的一側稱為供體，接收官能基的一側稱為受體。

　　轉胺基作用是具代表性的轉移。這是 α-胺基酸接受名為轉胺酶的轉移酶反應，胺基從一個胺基酸，轉移到一個酮基上，使它變成一個新的胺基酸。在產生麩胺酸和利用胺基酸作為營養物質方面發揮重要的作用。包括天門冬胺酸轉胺酶、丙酮酸轉胺酶等，有 50 種以上的轉胺酶。

　　轉移磷酸的酵素稱為激酶，參與糖代謝中 ATP 的合成。蛋白激酶在細胞中的訊息傳遞發揮作用。

　　因此，轉移酶會根據與其反應的物質而產生不同的作用。其中，它在糖原或中性脂肪等生物聚合物的合成中扮演重要角色。

　　特別是在 DNA 或 RNA 中，稱為聚合酶的轉移酶在基因代謝裡也會發揮一定的作用。

☐ 轉移酶作用下的生物聚合物合成

生物聚合物	酵素名稱	供體
糖原	糖原合成酶	UDP-葡萄糖
蛋白質	肽基轉移酶	胺醯tRNA
核酸	DNA聚合酶、RNA聚合酶	核苷三磷酸
三酸甘油酯	醯基轉移酶	醯基輔酶A
磷脂		

> 轉移酶會轉移部分化合物，以產生其他的化合物。

第 1 部　組成身體的物質

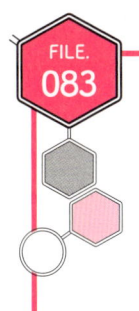

FILE. 083 轉胺酶

aminotransferase

名 稱 由 來	胺基酸與將原子團從受質轉移到另一種受質的酵素「轉移酶」（transferase）之複合語
主 要 功 能	生產胺基酸等
相 關 物 質	α-酮酸、天門冬胺酸、丙胺酸等
相 關 部 位	骨骼肌、肝臟等

第4章 酵素

轉胺酶是催化胺基酸和 α-酮酸反應的酵素總稱，也稱為**胺基轉移酵素**。轉胺酶在物質之間轉移胺基，來促進胺基酸的產生。轉胺酶依據促進反應的物質有不同的名稱，最具代表性的是天門冬胺酸轉胺酶（AST）和丙酮酸轉胺酶（ALT），兩者都大量存在於骨骼肌或肝臟中。

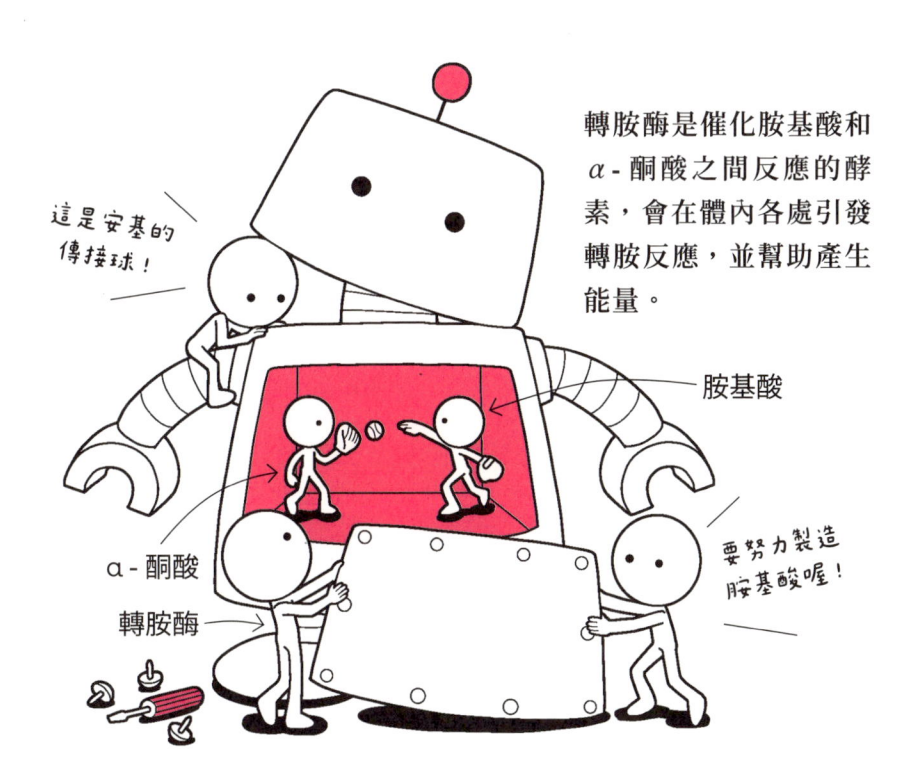

> 轉胺酶是催化胺基酸和 α-酮酸之間反應的酵素，會在體內各處引發轉胺反應，並幫助產生能量。

這是安基的傳接球！

胺基酸

α-酮酸
轉胺酶

要努力製造胺基酸喔！

類別	轉移酶

103

解說 水解酶

水解酶是催化水解反應的酵素，也稱為水解酵素。水解反應是指將水（H_2O）添加到分子中並將其分解的反應，其種類依反應的受質而不同，可分為酯酶、醣苷水解酶、蛋白酶、磷脂酶等。

水解酶的主要作用是**食物的消化和吸收**，分解糖類的**醣苷水解酶**是其中的代表性物質。水解酶根據與其反應的醣類種類，而有不同的名稱，例如與澱粉反應的澱粉酶，或是與麥芽糖反應的麥芽糖酶或異麥芽糖酶等。其他還包括分解三酸甘油酯（脂質）和膽酸的**解脂酶**，以及分解蛋白質中肽鍵的**蛋白酶**等。

另外，**磷脂酶**是參與神經傳導的水解酶，是分解化合物中酯鍵的酵素，每種酵素都能提供神經傳遞所需的作用。分解神經傳導物質的酵素中，還包括了乙醯膽鹼酯酶。此外，還有與胞器中**溶酶體**產生反應的水解酶。

大多數的水解酶都是傳統酵素，它們充分顯現出酵素廣為人知的功能。

□ 水解酶的主要種類

分類	反應的物質與化學鍵	主要種類
醣苷水解酶	醣類	澱粉酶、蔗糖酶
蛋白酶	肽鍵	胺肽酶
酯酶	酯鍵	膽鹼脂酶
磷脂酶	醯基	磷脂酶A
磷酸酶	磷酸基	蛋白磷酸酶
核酸酶	核酸	核酸外切酶I
金屬蛋白酶	金屬離子	金屬蛋白酶
半胱胺酸蛋白酶	硫醇基	組織蛋白酶K
天冬胺酸蛋白酶	天門冬胺酸基	凝乳酶

水解酶是幫助食物消化或吸收的酵素。

FILE. 084 澱粉酶

amylase

名稱由來	源自拉丁文的「amylum」，為「澱粉」之意
主要功能	分解澱粉等
相關物質	糊精、麥芽糖等
相關部位	口腔、胰臟等

澱粉酶是胰液或唾液中所含有的水解酶，除了 α-澱粉酶與 β-澱粉酶，還包括葡萄糖澱粉酶和異澱粉酶等。特別是 α-澱粉酶會在口腔中分解澱粉，產生糊精或麥芽糖，有助於醣類的吸收。

類別 水解酶

唾液所含有的澱粉酶會立刻對食物產生反應。

唾液富含 α-澱粉酶，可分解澱粉以幫助吸收醣類。

MEMO
水解酶會根據與何種物質發生的反應，而有不同的分類。胞漿素是一種分解蛋白質的蛋白酶。

FILE. 085 胞漿素

plasmin

名稱由來	源自拉丁文的「plasma」，為「形成」之意
主要功能	溶解血栓等
相關物質	胞漿素原、纖維蛋白等
相關部位	血液等

胞漿素是分解血栓主要成分纖維蛋白的酵素，以胞漿素原的形式存在於血液中。

胞漿素原是存在於血液中的非活性型物質，當血管中因纖維蛋白形成血栓，造成血流不順的時候，胞漿素原會受到組織胞漿素原活化劑（t-PA）的活化變成胞漿素，發揮溶解血栓的作用。

類別 水解酶

第4章 酵素

FILE. 086 酯酶

esterase

- 主要功能 = 分解酯等
- 相關物質 = 乙醯基、磷酸酶等

酯酶是分解「酯」的酵素總稱，酯是酸和醇脫水縮合而成的化合物。酯酶依作用物質的不同，分為多種類型。

類別 水解酶

FILE. 087 醣苷水解酶

glycosidase

- 主要功能 = 分解多醣類等
- 相關物質 = 麥芽糖、葡萄糖等

醣苷水解酶存在於體內的唾液或消化道中，並分解多醣類等醣苷鍵，像 α-葡萄糖苷酶是透過麥芽糖等產生葡萄糖。

類別 水解酶

醣苷水解酶分為在聚糖內部分解鍵，以及分解末端鍵的種類。

FILE. 088 磷脂酶

phospholipase

- 主要功能 = 分解磷脂等
- 相關物質 = 卵磷脂、花生四烯酸等

磷脂酶是分解磷脂的酵素總稱，磷脂具有多樣化的分子結構，磷脂酶依其作用部位可分為不同的類型。

類別 水解酶

磷脂酶依其作用部位，分為 A1、A2、B、C、D 五種類型。

解說 解離酶

　　解離酶是催化從某化合物中脫離官能基而形成雙鍵的反應，或是相反地催化向雙鍵添加官能基的反應，又稱為裂解酶。此外，雙鍵是指兩條線所連接的兩個原子，在結構式中以「＝」來表示。

　　依反應不同，裂解酶可分為多種類型。醛縮酶對於在糖質新生中發揮作用的果糖 -1,6- 雙磷酸產生反應，並將其分離成二羥丙酮磷酸和甘油醛 3- 磷酸。此反應也稱為醇醛裂解。

　　水合酶對官能基添加水，而脫水酶則將水脫離。例如，延胡索酸酶對延胡索酸產生反應後，會產生 L- 蘋果酸。另一方面，烯醇化酶是代表性的脫去反應，會與 2- 磷酸甘油酸和磷酸烯醇式丙酮酸產生可逆反應。

　　脫羧酶是引起脫羧反應的酵素，這是在胺基酸分解過程中發生的氧化脫胺反應，在分解麩胺酸時也會發生。在磷酸吡哆醛的幫助下，脫羧酶參與神經傳導物質的產生。

　　顧名思義，解離酶是添加或去除某些物質的酵素。

> 解離酶在分解胺基酸分解或糖質新生等體內代謝中發揮重要的作用。

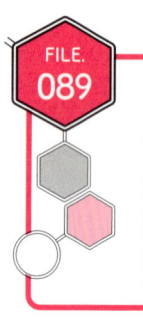

FILE. 089 醛縮酶

aldolase

- **名稱由來** = 源自引起羥基醛（aldol）縮合的酵素之意
- **主要功能** = 分解糖解等
- **相關物質** = 果糖-1,6-雙磷酸等
- **相關部位** = 心肌、骨骼肌、肝臟等

醛縮酶是**負責分解糖解中的糖**之酵素，它將果糖-1,6-雙磷酸（FDP）分解為 D-甘油醛-3-磷酸（GAP）和二羥丙酮磷酸（DHAP）。該反應為可逆反應，具有**藉由醛醇縮合來合成糖**的功能。

類別 解離酶

醛縮酶不僅能分解糖，也有合成的功能。

FILE. 090 脫羧酶

decarboxylase

- **名稱由來** = 英文的「取出」（de）與羧基（carboxy）的複合語
- **主要功能** = 胺基酸的脫羧反應等
- **相關物質** = 丙酮酸、麩胺酸等
- **相關部位** = 腦、神經系統等

脫羧酶會分解羧酸或胺基酸的羧基，並引起產生二氧化碳的反應。此反應稱為**去羧反應**，也稱為**脫羧酶**。羧基裂合酶根據反應的物質而有不同的名稱，像是丙酮酸羧化酶或麩胺酸脫羧酶等。

類別 解離酶

脫羧酶引起脫羧反應的酵素，可去除二氧化碳，作用於羧酸或胺基酸。

解說 異構酶

異構酶會催化**化合物的異構化反應**，產生同分異構體。同分異構體是指原子種類或數量相同，但具有不同的立體結構物質。基本上，它們被稱為異構酶，包括進行外消旋化的**消旋酶**，以及在分子內轉移官能基的變位酶等。

為了多加了解異構酶的反應，首先需要了解立體異構物，**順反異構物**是具代表性的同分異構物。如果某化合物具有**雙鍵**，兩個鍵結部分會扭曲而無法旋轉 360 度。因此，具有雙鍵的物質會有兩種類型的結構，稱為順反異構物。例如，反式脂肪就是反式結構的脂肪酸；但在體內大部分以順式存在，擁有與反式不同的性質。

此外，當**四個不同的原子團在一個碳上結合**時，就會存在兩個同分異構物，就像一面鏡子，稱為**鏡像異構物**。以丙胺酸為例，如下圖所示，可以看到其他原子團圍繞著碳原子（C）順時針和逆時針排列，因此，這兩種鏡像異構物分別稱為 L 型與 D 型。

□ **同分異構的代表例子**

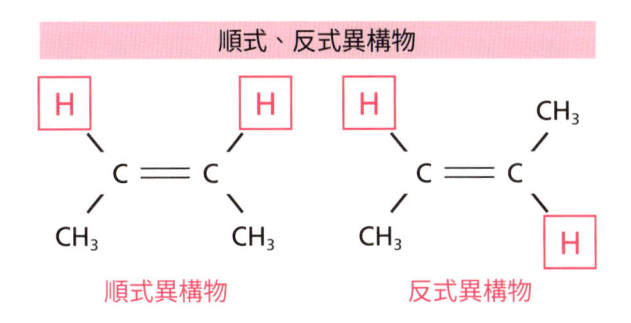

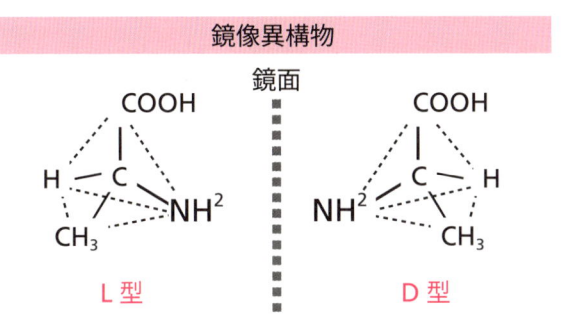

順式、反式異構物

順式異構物　　　反式異構物

鏡像異構物

L 型　　鏡面　　D 型

FILE. 091 消旋酶

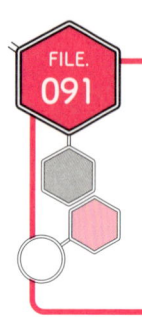

racemase

名 稱 由 來	源自於外消旋化後形成的外消旋體（racemate）功能
主 要 功 能	胺基酸的外消旋化等等
相 關 物 質	丙酮酸、絲胺酸等
相 關 部 位	腦等

消旋酶是**可逆性轉換胺基酸的 L 型和 D 型的酵素**，從 L- 氨基酸合成新的 D- 氨基酸，此反應稱為外消旋化，代表光學異構物轉變性質並失去光學活性。消旋酶是動物界中較為罕見的酵素，相關研究正在進行中。

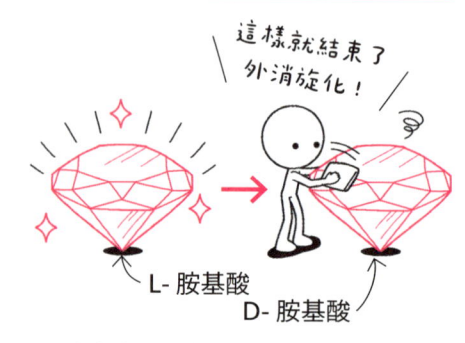

類別 異構酶

消旋酶是引起外消旋化的酵素，會使光學異構物失去光學活性。

L- 胺基酸 → D- 胺基酸

這樣就結束了外消旋化！

FILE. 092 順反異構酶

cis-trans isomerase

名 稱 由 來	源自於引起順反異構化的能力
主 要 功 能	肽鍵的順反異構化等
相 關 物 質	丙酮酸、麩胺酸、脯胺酸異構酶等
相 關 部 位	腦、神經系統等

異構酶是將物質轉化為異構體的酵素總稱。其中，順反異構酶是引起順式和反式肽鍵的**順反異構化反應的酵素**。**脯胺酸異構酶**是另一種引起類似反應的酵素，有報告指出此反應與癌症有關。

類別 異構酶

消旋酶是引起外消旋化的酵素，會使對映異構失去光學活性。

稍等一下，我進去換衣服 → 變成女生了！

異構酶

第 1 部　組成身體的物質

| 解說 | **合成酶** |

催化利用 ATP 將兩個分子結合的反應之酵素，稱為合成酶（連結酶）。大多數的反應物被標記為「受質名＋連接酶」、「物質名＋合酶」。

具代表性的例子是醯基輔酶 A 合成酶，它作用於醯基輔酶 A，而醯基輔酶 A 在脂質分解中扮演重要角色。此外，像是在檸檬酸循環中將丙酮酸轉化為草醯乙酸的丙酮酸羧化酶，以及對氨進行解毒的胺甲醯磷酸合成酶等，都在體內的代謝中發揮重要的作用。

> 在分解脂質和檸檬酸循環等過程中，連接酶負責合成重要物質！

Lesson

新增的第七種酵素「轉位酶」是什麼？

本書在 P.99 中只有介紹六種酵素，但在二〇一九年，酵素的分類被改為七種。酵素的分類是由國際生物化學與分子生物學聯盟命名委員會所管理，但自一九五八年起，對六種分類進行了大幅修訂，並增加了第七種分類，稱為轉位酶（translocase）。

轉位酶催化透過生物膜運輸氫離子、胺基酸、碳水化合物等物質的反應，以前被歸類為氧化還原酶或水解酶的酵素中，還包括跨生物膜運輸物質的酵素。代表性的例子包括搬運氫離子的 NADH：泛醌還原酶，以及運送多種化合物的 ABC 轉運蛋白等。

FILE. 093 天門冬醯胺合成酶

asparagine synthetase

- **名稱由來** ― 源自於對天門冬胺酸產生作用的合成酶
- **主要功能** ― 合成焦磷酸等
- **相關物質** ― 單磷酸腺苷、焦磷酸等
- **相關部位** ― 腦、腎臟等

合成酶是合成酵素的總稱，也稱為連接酶。合酶作用於 ATP 等高能磷酸鍵的水解，並促使物質的合成，以產生其他的物質。例如，天門冬醯胺合成酶會利用 ATP，引發產生單磷酸腺苷和焦磷酸的反應。

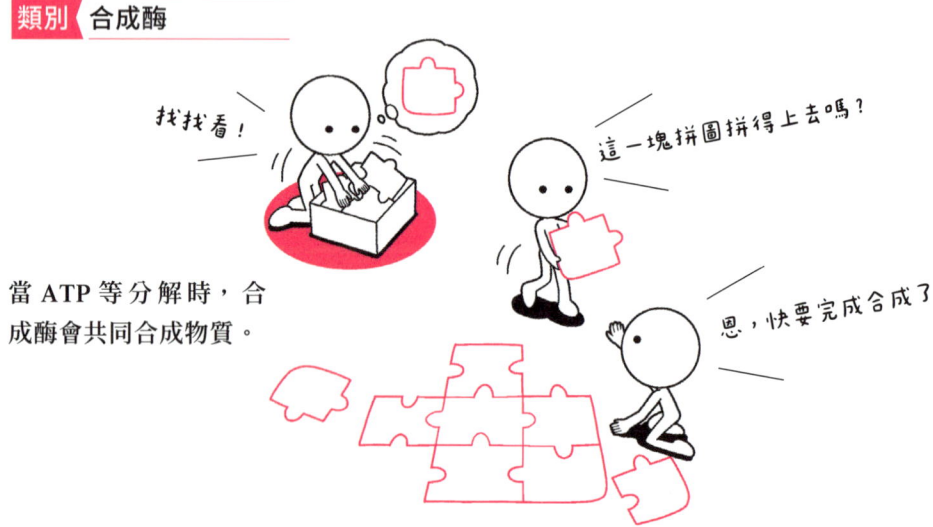

類別 合成酶

當 ATP 等分解時，合成酶會共同合成物質。

找找看！
這一塊拼圖拼得上去嗎？
恩，快要完成合成了

FILE. 094 麩醯胺酸合成酶

glutamine synthetase

- **名稱由來** ― 源自於對麩胺酸產生作用的合成酶
- **主要功能** ― 合成麩醯胺酸等
- **相關物質** ― 麩胺酸、氨等
- **相關部位** ― 腦、腎臟等

麩醯胺酸合成酶會由麩胺酸和氨合成麩醯胺酸，具有促進腦或腎臟中氨代謝的作用。

什麼是輔酶？

酵素是分解或合成物質所必需的生物催化活性物質，
但有些酵素無法單獨產生作用，
對於這些酵素，輔酶是不可或缺的分子。

輔酶大多源自於維生素

酵素可以分為簡單蛋白質與複合蛋白質。在後者的情況下，蛋白質的部分稱為脫輔基酶，非蛋白質的結合部分稱為輔酶。很多人可能更熟悉輔酶的別稱，也就是 coenzyme。

輔酶的作用是活化光靠酵素所無法活化的物質，使其發揮原有的能力。許多輔酶是在生物體內合成而活化的維生素，這也是維生素被認為是人體重要營養素的原因之一。

負責搬運碳的輔酶A

維生素 B 群是代表性的輔酶。例如維生素 B1（硫胺）、維生素 B2（核黃素）和菸鹼酸等。其中，以泛酸作為輔酶的輔酶 A（CoA），被認為具有極為重要的作用。輔酶 A 是由泛酸、二磷酸腺苷和半胱胺組成，主要負責搬運碳。輔酶 A 包括乙醯輔酶 A 和丙二醯輔酶 A，運用於檸檬酸循環或脂肪酸代謝。

第 1 部　組成身體的物質

第5章

血液與尿

血液負責輸送體內的營養或生物分子，
由於含有免疫物質或激素，
有助於維持正常的身體功能。
當進入腎臟的血液被過濾並轉化為尿液後，
得以排出毒素。
血液和尿是密不可分的關係，
讓我們來了解其功能與作用吧！

INTRODUCTION

血液的功能是維持身體正常運作

　　血液是在動物體內循環的液體。以人體為例，血液大約佔體重的 1/12，一位成年人約含有 4.5 至 5.5 公升的血液。血液分為在血管中循環的血液，以及儲存於肝臟或脾臟等處的貯藏血液。

　　血液的主要功能是運送營養、氧氣、二氧化碳、代謝後的廢物、激素等。此外，它還負責調節人體的酸鹼度或體溫，並能透過免疫物質或白血球來保護身體。當血液發揮功能，有助於維持人體的健康。

遍佈全身的血管構造

　　血液流經的血管，分為動脈、靜脈、微血管三種。動脈將血液帶離心臟，靜脈將血液帶回心臟，微血管則位於動脈和靜脈之間，主要負責運輸或交換**營養或廢物**。

　　動脈和靜脈的管壁由內膜、中膜和外膜組成，其厚度根據大腦或器官的而不同。為了讓血液順暢循環，心臟扮演幫浦的角色，而血壓代表幫浦壓力的強度。為了調節心臟與血壓，**自律神經與激素的功能**至關重要。

透過血液轉化為尿液以排出毒素

　　尿液中有 95% 是水，其餘 5% 含有尿素、尿酸、肌酸酐等含氮物質。尿液之所以呈淡黃色，是因為紅血球中血基質的代謝物膽紅素在血液與肝臟中代謝，腸道中產生的尿膽素原被氧化所致。

　　腎臟的功能是製造尿液，其中**腎元**是由腎小體和腎小管所組成，負責過濾和再吸收等功能，並與尿液的產生息息相關。血液經腎元過濾後產生尿液，並將**解毒後的氨（尿素）排出體外**。

POINT
- ▸ 血液負責輸送營養、氧氣和廢物
- ▸ 心臟扮演幫浦的角色，將血液輸送到全身
- ▸ 尿液是血液經過濾後產生的，具有將毒素排出體外的作用

血紅素

hemoglobin

名稱由來	= 「hemo」（血液之意）和「globin」（珠蛋白之意）的複合語
主要功能	= 輸送氧氣等
相關物質	= α-酮戊二酸、甘胺酸等
相關部位	= 血液等

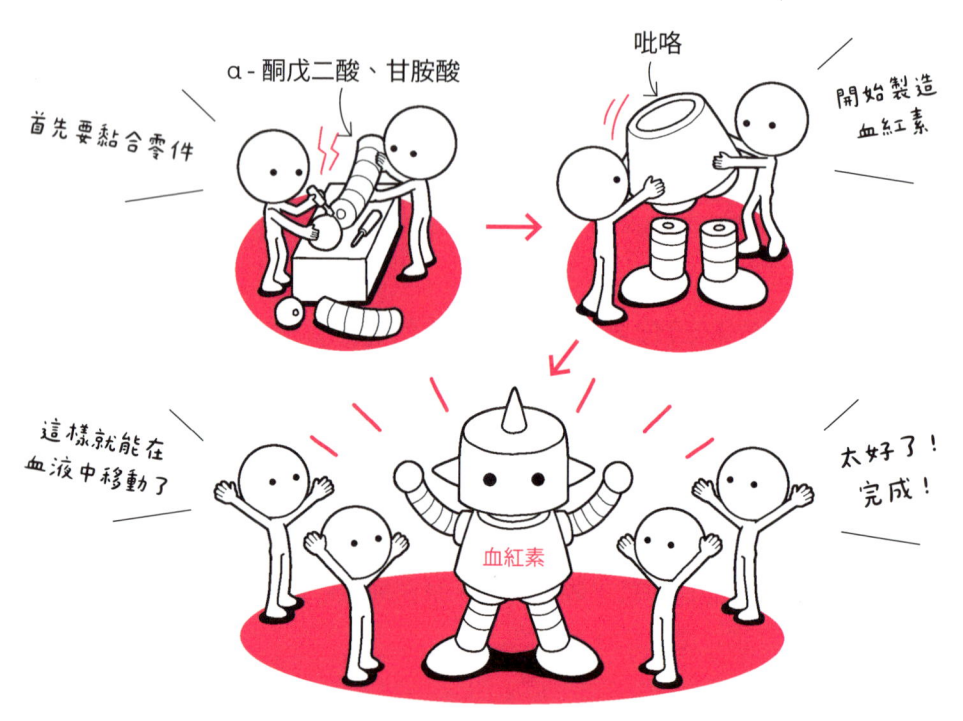

血紅素是透過紅血球中的 α-酮戊二酸和甘胺酸轉化所產生。

　　血紅素是紅血球的主要成分，是由稱為血基質的含鐵色素和珠蛋白之蛋白質，結合而成的複合蛋白質。血紅素是**在紅血球內產生**，首先由 α-酮戊二酸和甘胺酸結合形成吡咯，四個吡咯分子結合形成原紫質，然後**吸收鐵形成血基質，最後與珠蛋白結合**。血紅素與肺部所吸入的氧氣結合後，負責將氧氣輸送到全身。

FILE. 096 膽紅素

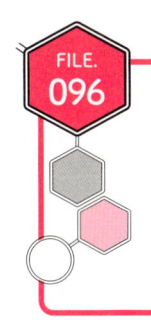

bilirubin

名 稱 由 來	= 源自英文的「bili」，為膽汁之意
主 要 功 能	= 代謝血紅素等
相 關 物 質	= 膽綠素、葡萄糖醛酸等
相 關 部 位	= 血液、肝臟等

第5章 血液與尿

　　膽紅素是與膽酸共同構成膽汁的物質，是**老化的血紅素進入肝臟後所產生**。紅血球在大約會在 120 天後結束壽命，並被脾臟中的巨噬細胞吞噬，分解為血基質和珠蛋白。此外，血基質分解為鐵和原紫質，並轉化為膽綠素，進一步還原為膽紅素。膽紅素在**進入肝臟之前稱為間接型膽紅素**，當它**在肝臟中與葡萄醣醛酸結合後成為結合型膽紅素**，並代謝為膽汁。

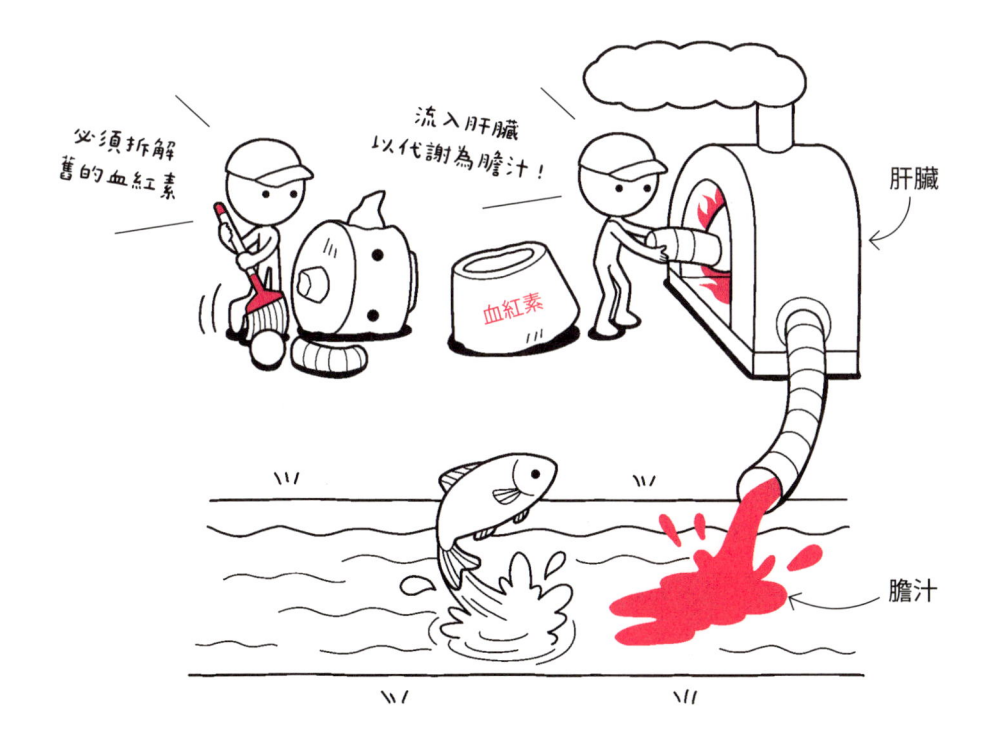

　　膽紅素是由血紅素分解所產生，分為間接型和直接型，間接型在肝臟中結合成為直接型，排泄到膽汁中。

117

解說 白血球的特徵

白血球的特徵是數量比紅血球更少，尺寸更大。正常情況下，1 mm³ 的血液中含有 4000 至 9000 個細胞，白血球與紅血球的比例約為 1：500 至 1：800，它們的壽命因種類而異，通常為 3 至 21 天。

白血球具有將從外界侵入的細菌或異物帶入細胞並加以無毒化的功能，<u>白血球中以嗜中性球特別活躍</u>，嗜中性球含有溶酶體，溶酶體是一種由脂質和蛋白質組成的脂蛋白，可以分解細菌的蛋白質。一個嗜中性球在處理 5 至 50 個細菌後，就會迎接死亡。

在發炎、感染或罹患白血病的情況下，體內的白血球會顯著增加。反之，因藥物中毒或長期營養不良下，白血球會減少。當<u>白血球數量減少時，免疫力也會減弱</u>。

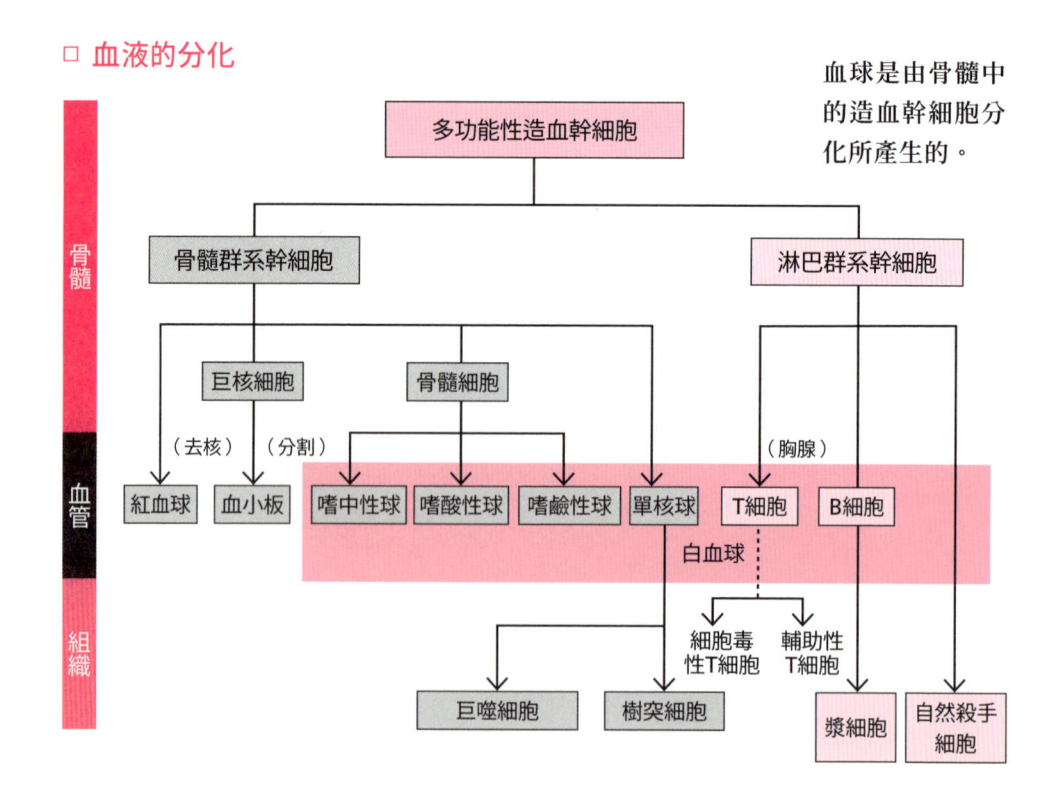

□ 血液的分化

血球是由骨髓中的造血幹細胞分化所產生的。

```
                    多功能性造血幹細胞
                   /                    \
           骨髓群系幹細胞              淋巴群系幹細胞
          /      |                    /         \
      巨核細胞  骨髓細胞            T細胞       B細胞
      (去核)(分割)                 (胸腺)
        |    |    |    |    |    |    |
      紅血球 血小板 嗜中性球 嗜酸性球 嗜鹼性球 單核球
                    └──── 白血球 ────┘
                                    細胞毒 輔助性
                                    性T細胞 T細胞
                    巨噬細胞  樹突細胞  漿細胞  自然殺手細胞
```

骨髓 / 血管 / 組織

FILE. 097 白血球
white blood cells

　　根據顆粒的有無，白血球分為顆粒和無顆粒白血球。其中，顆粒白血球分為嗜中性球、嗜酸性球和嗜鹼性球，無顆粒白血球分為淋巴球和單核球。**白血球離開血管後，會發揮讓細菌或異物無毒化**的功能。當生物組織受損時，會產生並擴散白三烯，在最短距離內的微血管通透性增加，**白血球會開始移動以吞噬和分解細菌等物質。**

嗜中性球
約佔白血球的 40% 至 75%，具有很強的吸收和分解細菌的能力，對保護人體免受細菌或真菌感染產生重要作用。

嗜酸性球
約佔白血球的 2% 至 6%，具有觸發針對寄生蟲感染和過敏性疾病的免疫反應作用。

嗜鹼性球
約佔白血球的 0.5% 至 1%，當特定細菌入侵體內時，嗜鹼性球會釋放組織胺等物質，引起過敏反應。

淋巴球
約佔白血球的 20% 至 25%，分為 T 淋巴細胞和 B 淋巴細胞，它們會產生抗體來對抗入侵的細菌。

單核球
約佔白血球的 2% 至 10%，除了跟嗜中性球同樣具有吞噬細菌的功能外，也能促進產生抗體。

五種構成白血球的物質，每一種都有不同的功能，在免疫機能中發揮對抗細菌或病毒的作用。

第 5 章　血液與尿

解說 血漿

血漿約佔血液容積的 55%，呈弱鹼性。血漿主要從肝臟產生，含有蛋白質、醣類和脂質等。

健康成人的 100 公升血漿中，約含有 6 至 8 公克的蛋白質，其主要成分為**白蛋白、球蛋白及纖維蛋白原**。此外，血漿中所含的醣類，主要是葡萄糖或葡萄糖的中間代謝物，中性脂肪、卵磷脂和膽固醇等含有脂質。

特別是膽固醇，依密度分為低密度脂蛋白（壞膽固醇）和高密度脂蛋白（好膽固醇），低密度脂蛋白膽固醇的增加，是導致動脈硬化的原因。

□ 血漿中主要蛋白質的比例

血漿蛋白		g/100㎖	在血中的比例（%）	分子量
白蛋白		4.3	50〜70	約7萬
球蛋白	α	0.4	2〜12	約20萬〜30萬
	β	0.9	5〜18	約9萬
	γ	1.3	13〜20	約15萬〜30萬
纖維蛋白原	磷酸基	0.5	4〜10	約34萬

（資料來源：《教養のための図説生化学》，實教出版）

> 血漿中含有的蛋白質，會對凝血或免疫系統發揮作用。

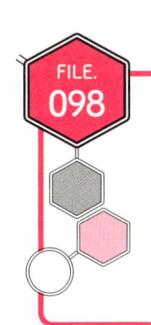

白蛋白

FILE. 098

albumin

名 稱 由 來	源自英文的「albumen」,為蛋白之意
主 要 功 能	維持與調節血漿的滲透壓等
相 關 物 質	球蛋白、脂肪酸等
相 關 部 位	血液、肝臟等

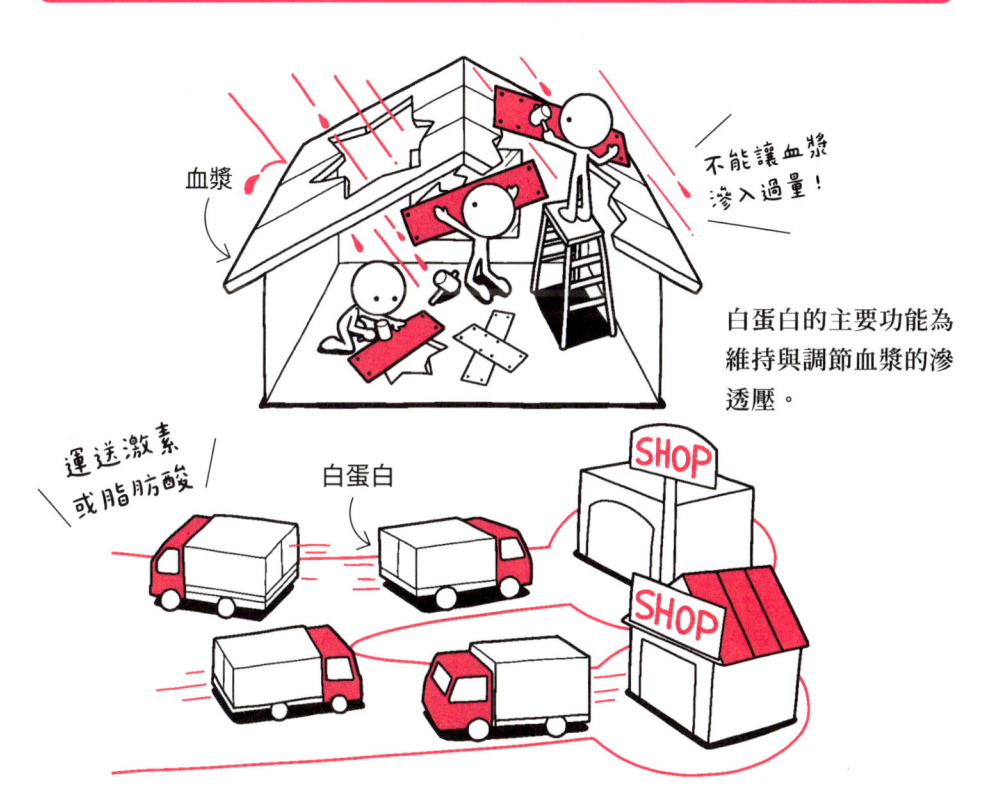

第 5 章　血液與尿

血漿

不能讓血漿滲入過量!

白蛋白的主要功能為維持與調節血漿的滲透壓。

運送激素或脂肪酸

白蛋白

SHOP

白蛋白也肩負運送脂肪酸或類固醇激素的任務。

　　白蛋白約佔血漿的 50% 至 70%,主要在肝臟中產生,其產量因血中胺基酸含量或激素而獲得調節。在生理功能方面,白蛋白與維持或調節血漿滲透壓,以及輸送胺基酸或激素息息相關。此外,當體內缺乏營養時,白蛋白也可以作為胺基酸的供給來源。A/G 比值代表白蛋白與球蛋白的比例,也用作衡量肝硬化等肝臟異常的數值。

121

FILE. 099 球蛋白

globulin

名 稱 由 來	源自英文的「glob」，為球體之意
主 要 功 能	對細菌、病毒具有免疫力等
相 關 物 質	白蛋白、脂蛋白等
相 關 部 位	血液、肝臟等

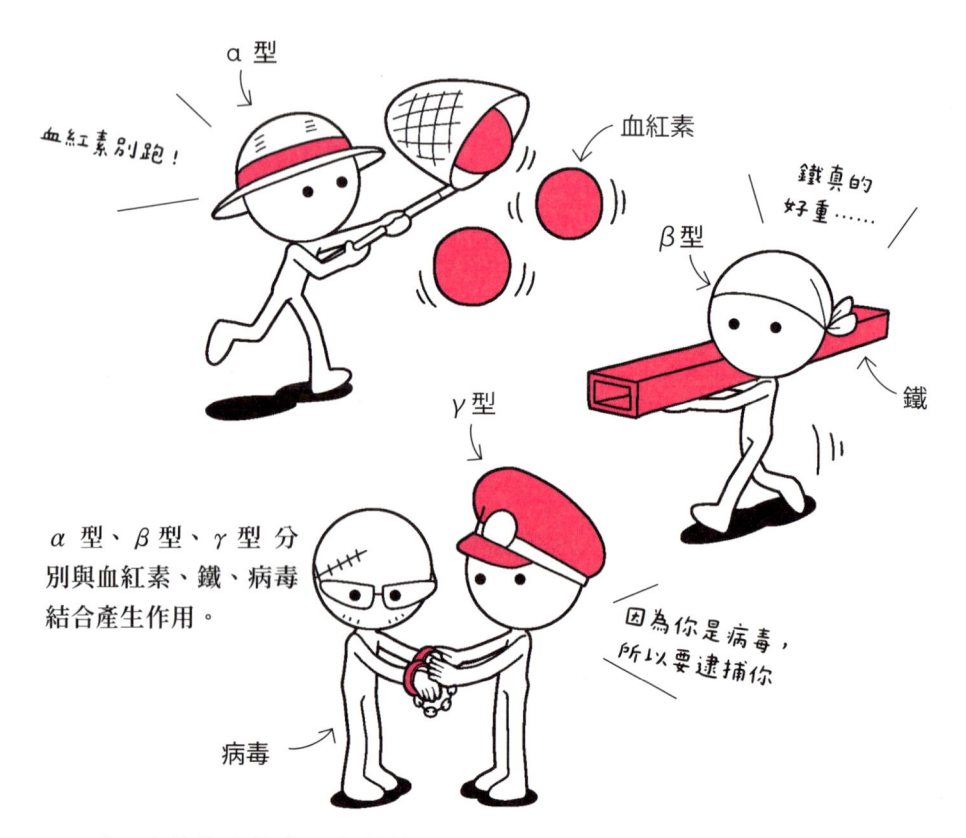

α型、β型、γ型分別與血紅素、鐵、病毒結合產生作用。

球蛋白約佔血漿中蛋白質的 30%，大致可分為 α1型、α2型、β型、γ型四種。其中，γ-球蛋白所含的 免疫球蛋白 具有免疫功能，在體內扮演重要的角色。免疫球蛋白可分為 IgG、IgA、IgM、IgD 和 IgE 五種，分別具有不同的作用。例如，IgG 含有對抗細菌或病毒的抗體，IgA 則有助於預防感染。

FILE. 100 脂蛋白

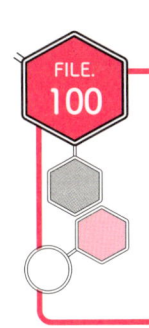

lipoprotein

- **名　稱　由　來**＝源自英文的「liop」（脂質）與「protein」（蛋白質）的複合語
- **主　要　功　能**＝運送脂質等
- **相　關　物　質**＝三酸甘油酯、膽固醇等
- **相　關　部　位**＝血液、小腸、肝臟等

　　脂蛋白是脂質和蛋白質結合的複合蛋白質總稱，血漿含有三酸甘油酯、膽固醇等成分，這是因為它們與相對容易溶於水的磷脂結合。脂蛋白依其比重分為乳糜微粒、VLDL（極低密度）、LDL（低密度）、HDL（高密度）和VHDL（極高密度），每種物質都扮演從小腸、肝臟等部位運送脂質的角色。

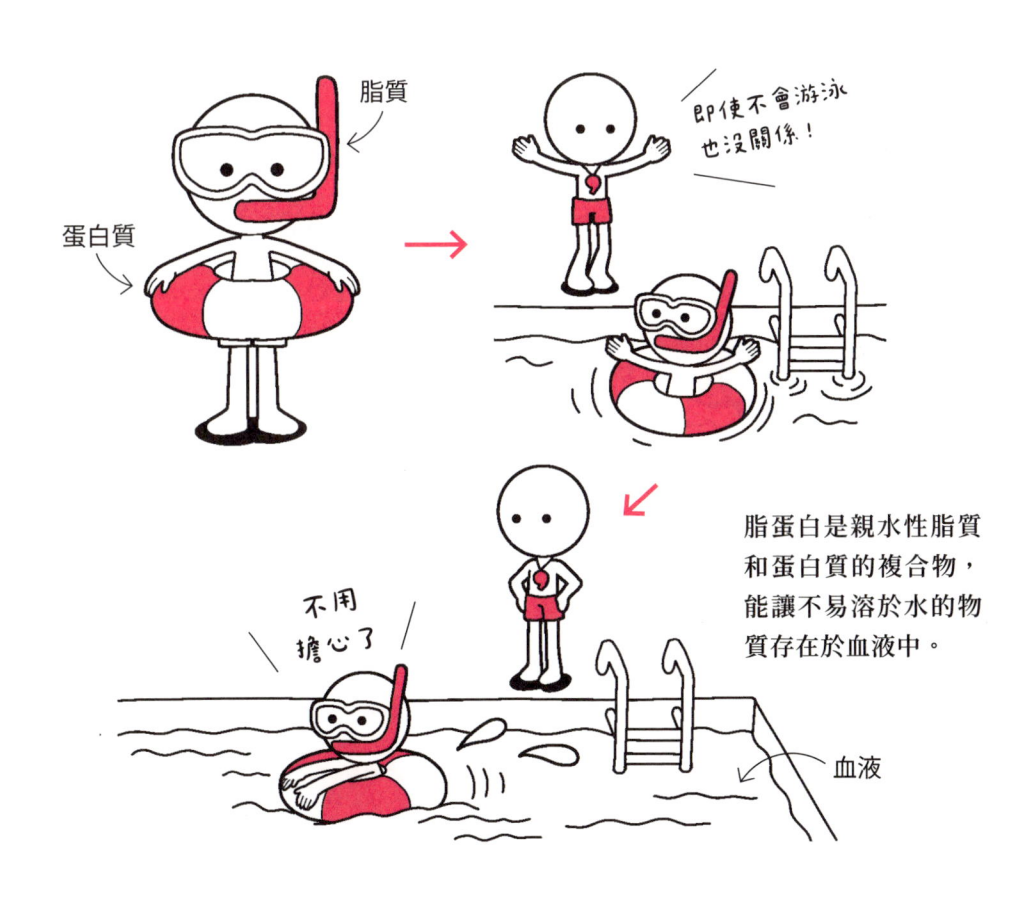

第 5 章　血液與尿

脂質

蛋白質

即使不會游泳也沒關係！

脂蛋白是親水性脂質和蛋白質的複合物，能讓不易溶於水的物質存在於血液中。

不用擔心了

血液

FILE. 101 纖維蛋白原

fibrinogen

名　稱　由　來	= 纖維蛋白和「gen」（產生）的複合語
主　要　功　能	= 凝固血液等
相　關　物　質	= 凝血酶、纖維蛋白等
相　關　部　位	= 血液等

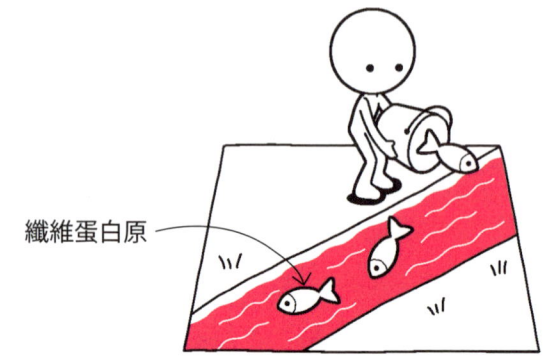

纖維蛋白原是凝固血液的物質，當纖維蛋白減少時，體內容易出血；當它增加時，容易形成血栓。

纖維蛋白原

正常的血流量

糟糕，塞住了！

完全無法止血

纖維蛋白原過量時……　　纖維蛋白原過少時……

　　纖維蛋白原被稱為凝固血液的第一因子，正常人的體內每 100 毫升的血漿中，約含有 200 至 400 毫克的纖維蛋白原。纖維蛋白原存在於血漿蛋白中，在製造血栓時扮演重要的角色。當血液離開血管時，會產生凝血酶並對纖維蛋白原產生作用，形成纖維蛋白並讓血液凝固為膠狀。由於纖維蛋白原的特性，被運用於製作止血藥物。

124　第 1 部　組成身體的物質

解說 血液的凝固機制

當血管受損時，血液在與空氣或血管外組織接觸時會失去流動性，開始凝固。出血止住的過程稱為止血，會經過血管收縮、血小板血栓形成與血液凝固等過程，一旦出血停止，就不再需要血栓，並會被酵素等物質分解。

首先，在止血前需要高度依賴血小板的作用，當血小板與血管外的膠原蛋白接觸時會受到活化，釋放血小板內的 ADP 或血栓素，因而活化血小板的作用，對血管的平滑肌產生作用並使血管收縮。血流速度減慢是收縮血管的原因，活化後的血小板改變型態並凝聚後形成血栓（初級凝血）。

纖維蛋白原在血液凝固中產生核心作用，主要作用是製造纖維蛋白血栓（次級凝血），在這個過程產生作用的因子多達 13 個，其中一些因子得倚賴維生素 K。此外，在第 12 因子活化時，前激肽釋放酶等物質也會發揮作用。

☐ 凝血因子

因子	物質
第一因子	纖維蛋白原
第二因子	凝血酶原
第三因子	組織因子
第四因子	鈣離子
第五因子	Proaccelerin
第六因子	※目前欠缺
第七因子	Proconvertin
第八因子	抗血友病因子A

因子	物質
第九因子	Christmas因子、抗血友病因子B
第十因子	Stuart Prower因子
第十一因子	血漿凝血活酶前體因子
第十二因子	Hageman因子
第十三因子	纖維蛋白穩定因子
其他	前激肽釋放酶、高分子量激肽原、類血友病因子

（資料來源：《人体の構造と機能及び疾病の成り立ち 栄養解剖生理学》，講談社）

FILE. 102 凝血活酶
thromboplastin

- 主要功能＝凝固血液等
- 相關物質＝凝血酶原、凝血酶等

當血液離開血管時，血小板暴露在空氣中並被破壞，釋放出來並產生凝血活酶。之後，凝血活酶**作用於凝血酶原並將其轉化為凝血酶。**

FILE. 103 凝血酶原
prothrombin

- 主要功能＝凝固血液等
- 相關物質＝纖維蛋白、纖維蛋白原等

凝血酶原是凝血因子之一，轉化為凝血酶後，**對纖維蛋白原產生作用，轉化為直接凝固血液的纖維蛋白。**

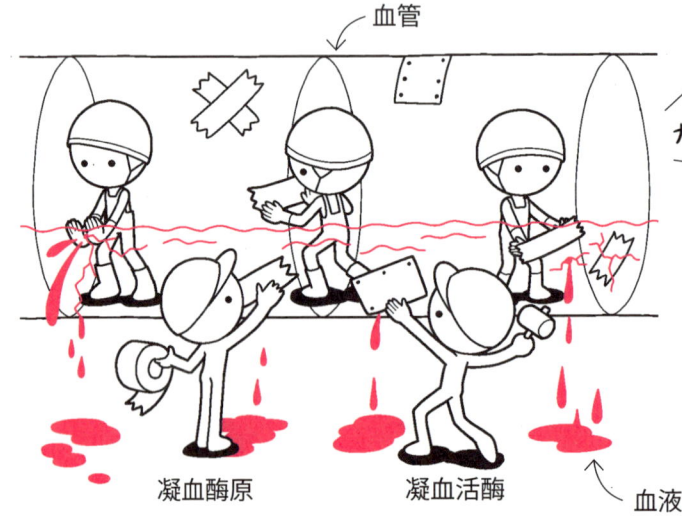

大家趕緊幫忙止血！

凝血酶原　　凝血活酶　　血液

凝血活酶與凝血酶原的主要功能是凝固血液。另一方面，肝素和水蛭素具有防止血液凝固的功能。

FILE. 104 肝素
heparin

- 主要功能＝防止血液凝固等
- 相關物質＝凝血酶、凝血酶原等

肝素是防止血液凝固的物質，主要用來**抑制凝血酶原轉化為凝血酶，**也用於製作血栓症等治療藥物。

FILE. 105 水蛭素
hirudin

- 主要功能＝阻礙血液凝固等
- 相關物質＝纖維蛋白、凝血酶等

水蛭素是從水蛭唾液中提取的物質，用來阻礙血液凝固，主要功能是**防止凝血酶作用於纖維蛋白原，**被活用於醫療領域。

FILE. 106 胞漿素源
plasminogen
- 主要功能＝阻礙血液凝固等
- 相關物質＝胞漿素等

FILE. 107 尿激酶
Urokinase
- 主要功能＝阻礙血液凝固等
- 相關物質＝胞漿素源、精胺酸等

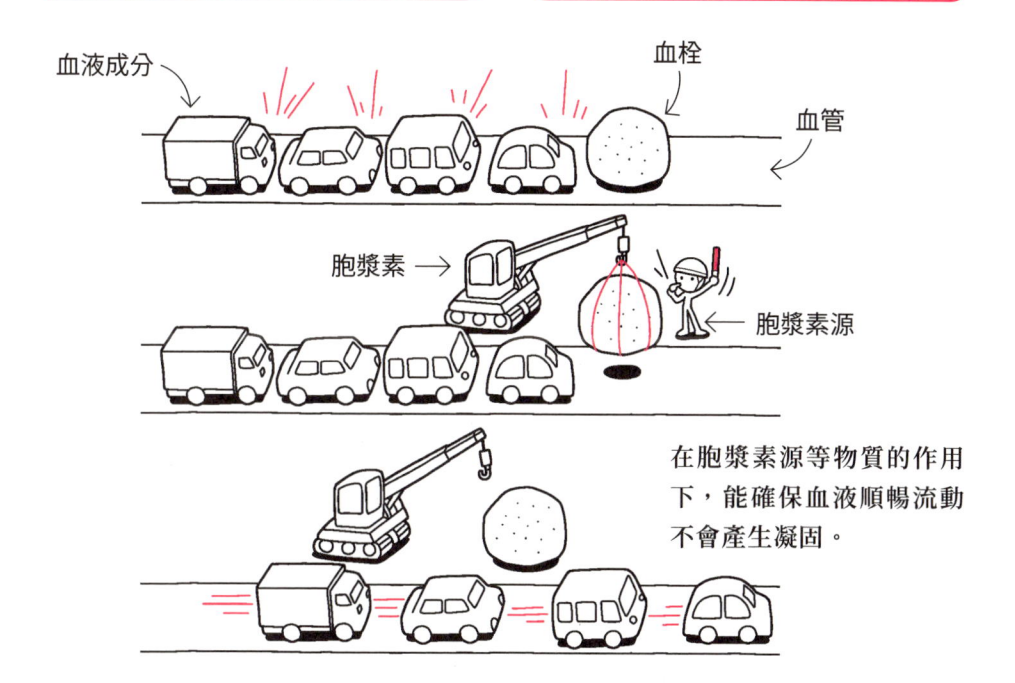

血液成分　　　　　　　　　血栓
　　　　　　　　　　　　　　血管

胞漿素 →
　　　　　　　　　　← 胞漿素源

在胞漿素源等物質的作用下，能確保血液順暢流動不會產生凝固。

　　在正常情況下，血液流動時不會發生凝固，這是因為胞漿素源或尿激酶等成分的作用，扮演重要的角色。胞漿素是防止血液凝固的主要酵素，胞漿素源是其原料。此外，組織胞漿素原活化劑具有將血液中的胞漿素源轉化為胞漿素的作用，尿激酶則是具水解胞漿素源的精胺酸與纈胺酸結合之功能。

FILE. 108 組織纖溶酶原活化劑（t-PA）
tissue plasminogen activator
- 主要功能＝阻礙血液凝固等
- 相關物質＝胞漿素源、纖維蛋白、脂蛋白等

第5章 血液與尿

尿的排泄與成分

尿液中含有體內不再需要的陳舊廢物，
其排泄對於人類的正常生活非常重要。

血液經腎臟過濾後產生原尿

腎臟的腎元過濾血液後產生尿液，每顆腎臟大約由 100 萬個腎元所組成。

從心臟排出的血液，大約會有 20% 流入腎臟，在名為**腎小球的部位進行過濾**，過濾後的液體稱為原尿。由於原尿裡仍含有水、葡萄糖和胺基酸等有用物質，這些物質被腎臟重新吸收，並返回血液作為營養物質再次被吸收。

正常尿液中所含有的成分

尿液的主要目的，是將體內產生的有害氨等代謝物排出體外。

尿液含有的**有機成分**中，有 80%～90% 為尿素。尿素是經由胺基酸代謝過程中產生的氨，在肝臟中轉化而產生。

此外，尿液中還含有核酸代謝後產生的**尿酸**，和肌肉中的部分肌酸代謝後產生的**肌酸酐**等物質。

尿液中除了這些有機成分外，還含有無機成分，尤其是含有大量的氯化鈉，一天約排出 10 至 15 公克。含硫胺基酸的甲硫胺酸或源自半胱胺酸的硫，也會透過尿液排出，但排出量會根據蛋白質攝取量而變化。

正常尿液中含有的成分量

物質	尿（%）
水分	96.0
鹽	1.538
尿素	1.742
乳酸	–
硫化物	0.355
氨	0.041
尿酸	0.129
肌酸酐	0.156
胺基酸	0.073

（資料來源：《図説 からだの仕組みと働き》，醫齒藥出版）

> 如果尿液中的成分產生異常，就有可能是患有某種疾病。

可能導致疾病的尿液成分異常

腎功能障礙或體內代謝異常是導致尿液成分異常的原因。因此，尿液成分被用來作為病情診斷和治療指南，異常主要會體現在蛋白質和糖類。

基本上，從腎臟的機能來看，大多數的蛋白質不會被腎臟過濾。另外，如同前述，由於原尿所含的胺基酸等物質原本就會被再次吸收，如果尿液中含有大量蛋白質，可能會造成某些健康問題。

如果尿液中含有糖類，則可能是起因於糖尿病、好發於懷孕晚期的妊娠糖尿病，或是缺乏先天性將半乳糖轉化為葡萄糖的酵素等疾病所致。

POINT

▶ 當血液被腎臟過濾時就會產生尿液
▶ 尿液的目的是將氨等有害物質排出體外
▶ 尿液的成分含量異常，有可能會導致疾病

FILE. 109 尿素
urea

- 名 稱 由 來 ━ 源自尿液中所含有的物質
- 主 要 功 能 ━ 氨的解毒等
- 相 關 物 質 ━ 氨、天門冬胺酸等
- 相 關 部 位 ━ 肝臟等

尿素是在氨的解毒過程中所產生，並透過尿液從腎臟排出。

尿素佔尿液中氮的80%至90%，它是肝臟尿素循環中胺基酸或蛋白質**代謝氮所產生的最終物質**。在尿素循環中，透過各種酵素的作用下，將尿素轉化為由胺基酸產生的氨和天門冬胺酸的胺基。

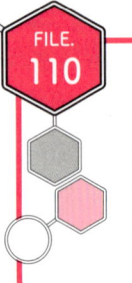

FILE. 110 尿酸
uric acid

- 名 稱 由 來 ━ 源自尿液中所含有的物質
- 主 要 功 能 ━ 代謝與排出核酸等
- 相 關 物 質 ━ 核苷酸、黃嘌呤等
- 相 關 部 位 ━ 肝臟等

成為基因的**核酸（DNA和RNA）經分解和代謝後，最終產生了尿酸**。核酸被核酸酶、磷酸二酯酶等酵素分解成為核苷酸，接著核糖基分離形成黃嘌呤，**在氧化酶的作用下轉化為尿酸**。

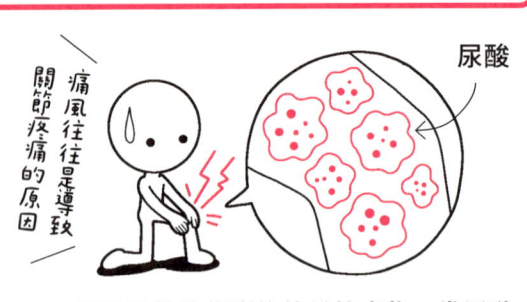

尿酸是核酸代謝後的最終產物，當尿酸產生量增加或排泄量減少時，有可能導致痛風。

FILE. 111 肌酸

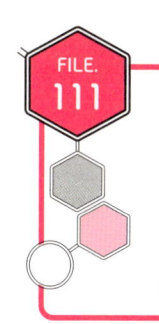

creatine

名 稱 由 來	源自希臘文的「creas」,為「肉」之意
主 要 功 能	儲存能量等
相 關 物 質	精胺酸、甘胺酸等
相 關 部 位	骨骼肌、肝臟等

肌酸是精胺酸和甘氨酸在肝臟透過酵素的作用而產生,肌酸透過肌酸激酶接收一分子的 ATP,變成磷酸肌酸。磷酸肌酸在肌肉中作為能量儲存物質,當肌肉缺乏 ATP 時,磷酸肌酸會重新轉化為肌酸酐。

當磷酸肌酸發揮作用時　　　**當磷酸肌酸不足時**

肌酸在肌肉中作為磷酸肌酸,以能量儲存物質的角色產生作用,肌酸酐是肌酸的代謝產物。

FILE. 112 肌酸酐

creatinine

名 稱 由 來	肌酸(ceratine)和代表鹵素的「ine」之複合語
主 要 功 能	代謝與排出肌酸等
相 關 物 質	肌酸、磷酸肌酸等
相 關 部 位	骨骼肌、腎臟等

肌酸酐是肌酸代謝時產生的物質,它在體內幾乎不被吸收,並隨尿液排出。無關食物的攝取量,尿液中的濃度都與肌肉量成正比。尿液肌酸酐(CRE)被用來當作測量腎臟異常的參考,若數值越高,代表腎臟可能有問題。

FILE. 113 嘌呤

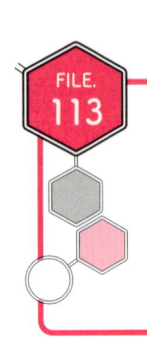

purine bodies

名稱由來	為拉丁語文「purum」（純淨之意）和尿酸（uricum）的組合
主要功能	細胞代謝、增殖等
相關物質	DNA、RNA、ATP 等
相關部位	肝臟、腎臟等

嘌呤是含有 DNA、RNA、ATP 等重要物質的物質，經過代謝後，最終會以尿酸的形式排出體外。

代謝循環

搬運時不要開這種諧音玩笑！

明明是布丁卻很堅固呢

嘌呤

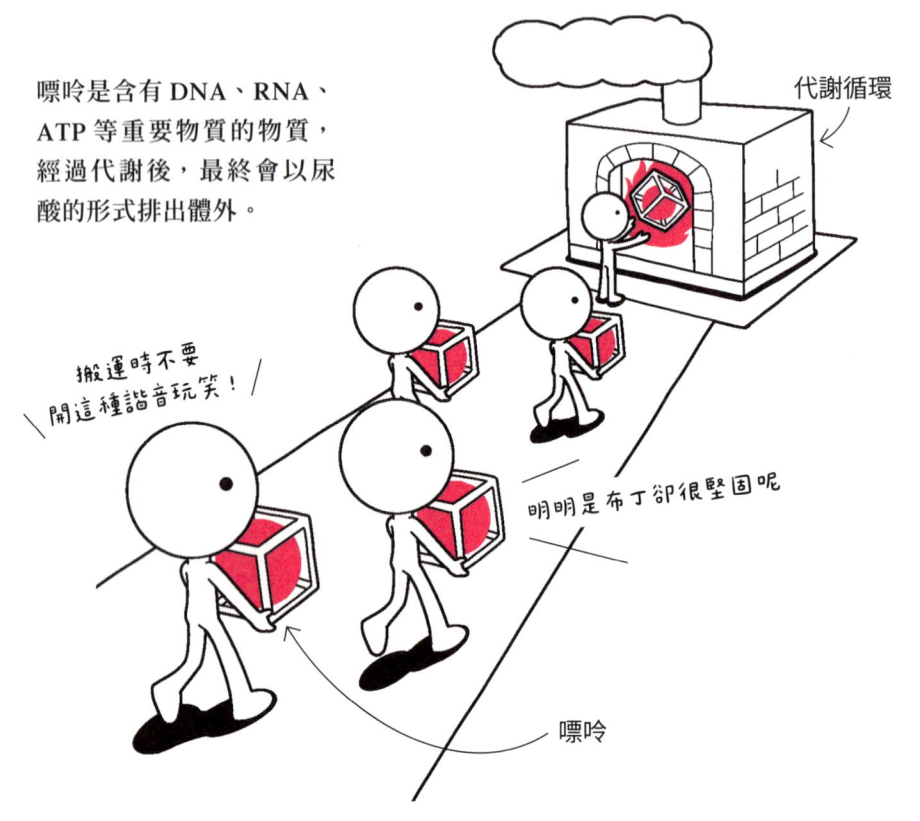

　　嘌呤是指含有嘌呤結構的物質總稱，在體內含有 DNA、RNA、ATP 等重要物質，除了透過食物攝取外，還有經過舊核酸分解，以及從麩醯胺酸或甘胺酸等合成的嘌呤。幾乎所有食物都含有嘌呤，因而被認為是造成痛風的原因，但痛風其實是因嘌呤分解時產生的尿酸所致，嘌呤實際上是體內所不可或缺的物質。

FILE. 114 尿膽素

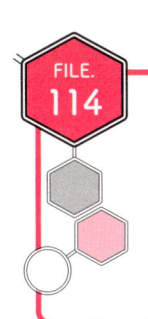

urobilin

名稱由來	為尿素（urea）的派生詞
主要功能	代謝紅血球等
相關物質	膽紅素、尿膽素原等
相關部位	肝臟、小腸等

第5章 尿的排泄與成分

好，要切了！
尿膽素原
這樣過一段時間後不會氧化嗎？

尿膽素
我不是跟你說了嗎

尿膽素是糞便和尿液中含有的物質，為膽紅素在腸道分解時生成的尿膽素原氧化所產生。

尿膽素是造成尿液呈淡黃色的物質，也稱為中膽色素或尿色素。膽紅素是紅血球分解後的血基質代謝物，經由血液並在肝臟中分解，是由腸道中產生的尿膽素原進一步氧化而產生。此外，當尿液排出體外並被氧化時，也會產生尿膽素。正常的尿液中僅含有微量的尿膽素，但當肝功能受損時，排出量會增加。因此，尿膽素被當成尿液檢查時的基準。

133

FILE. 115 吲苷
indican

主要功能 = 代謝色胺酸等
相關物質 = 色胺酸、吲哚等

吲苷用於染料的藍色成分，由色胺酸產生的吲哚在肝臟中轉化為吲苷，並透過尿液排出。

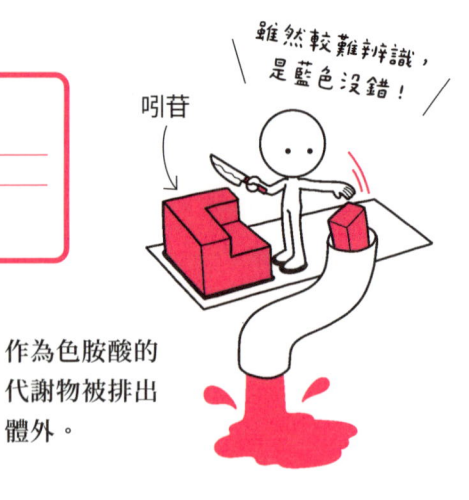

作為色胺酸的代謝物被排出體外。

雖然較難辨識，是藍色沒錯！

吲苷

FILE. 116 馬尿酸
hippuric acid

主要功能 = 代謝甲苯等
相關物質 = 甲苯、苯甲酸等

經常被用來製成黏合劑或油漆稀釋劑的甲苯進入體內後，首先會有 80% 被代謝成苯甲酸，再與甘胺酸結合，轉化為馬尿酸排泄到尿液中。

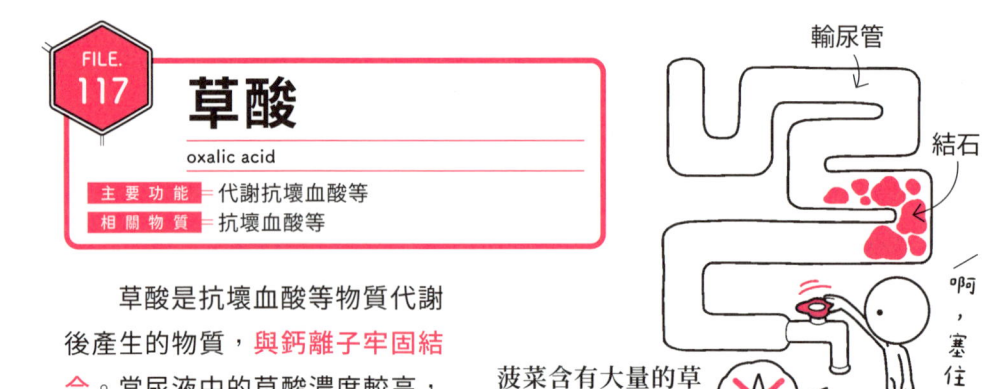

甲苯

要趕快排泄出來才行！

當吸入甲苯後，會對代謝產生作用，並將馬尿酸排入尿液。

FILE. 117 草酸
oxalic acid

主要功能 = 代謝抗壞血酸等
相關物質 = 抗壞血酸等

草酸是抗壞血酸等物質代謝後產生的物質，**與鈣離子牢固結合**。當尿液中的草酸濃度較高，有可能會導致尿結石。

輸尿管

結石

啊，塞住了

菠菜含有大量的草酸，攝取過量有可能會導致結石。

134

排便的原理與成分

排便是將體內不需要的物質排出體外的系統，
讓糞便產生特有顏色的物質稱為糞膽質。

誘發便意的機制

　　尿液是將體內產生的毒素排出體外的機制，而糞便則作為體內消化後的食物殘渣，也就是將固體的廢物排出體外的機制。當人吞嚥食物的時候，這個機制就已經開始運作了。

　　首先，當食物進入胃部時，體內開始分泌胃泌素，食物殘渣經刺激後從小腸移動到大腸。這時，當結腸發生蠕動時，進入直腸的糞便就會透過神經向大腦發出訊號，讓人產生便意，肛門會根據便意張開或關閉肌肉，以進行排便。

糞便所含有的成分

　　糞便中約有 70% 至 80% 為水分，剩餘的固體成分是胃或小腸中尚未消化或吸收的殘留物、腸道細菌以及體內不再需要的鐵等礦物質。此外，膽汁中用來消化的部分膽紅素，也會混入糞便中。

　　膽紅素在大腸變成尿膽素原，並經由反應轉化為糞膽素。糞膽素呈褐色，也是糞便顏色的由來。如果糞便的顏色看起來不太正常，可能是腸道、肝臟或胰臟出現某種異常。

第 1 部　組成身體的物質

第6章

維生素與礦物質

維生素和礦物質無法在體內產生，必須透過攝取食物來獲取。維生素會在體內引起各種反應，並參與重要物質的合成。礦物質的功能是製造血液或骨骼等，是維持生命活動極為重要的物質。

INTRODUCTION

支持生命活動的維生素

　　維生素源自拉丁文的「vita」，代表生命之意，是人類維持生命所不可或缺的營養素。然而，維生素本身並不是構成身體的要素，維生素在體內作為輔酶，同時也是建構細胞的原料。
　　維生素大致可分為可溶於油的「脂溶性」和可溶於水的「水溶性」，每種維生素根據其性質具有不同的功能，並與各種物質發生反應。

只能透過食物攝取的維生素

眾所皆知,維生素有不同的類型,例如 維生素 A 和維他命 B。然而,很多人並不知道維生素在化學領域中還有別名。

例如,屬於脂溶性維生素的維生素 A,包括視黃醇和胡蘿蔔素;水溶性維生素的維生素 B,包括硫胺、核黃素和吡哆醇等種類。

這些物質基本上**不會在體內產生**,因此必須透過食物來獲取。

人體所需的礦物質有17種

構成人體的元素中,除氧、碳、氫、氮以外的所有元素都稱為礦物質,也稱為**無機化合物**。人體必需的礦物質共有 17 種,這些礦物質都不能在體內合成,必須透過食物攝取。

鈉是具代表性的礦物質,其功能是調節體內的水分或活動肌肉。由於食鹽中含鈉,在日常生活中不太會有攝取不足的問題。另一方面,鈣或鐵是建立骨骼或血液所不可或缺的物質,但體內經常會有不足的情形,需要在日常生活中多加攝取。

POINT

▶ 維生素分為脂溶性與水溶性
▶ 維生素還有其他用來表示生物分子的別名
▶ 人體必需的礦物質共有17種

維生素

維生素是在體內活化酵素或幫助細胞形成的重要物質。
主要分為13種類，每一種都扮演著獨特的功能與角色。

脂溶性維生素與水溶性維生素

維生素分為脂溶性和水溶性，因為脂溶性維生素難溶於水，主要儲存在脂肪組織或肝臟中，幫助構成各器官或維持器官的功能。

另一方面，水溶性維生素在血液中含量豐富，其特點是可作為「輔酶」的角色，幫助酵素發揮作用。

維生素的主要種類

脂溶性維生素		
名稱	主要物質	含量豐富的食品
維生素A	視黃醇、β-胡蘿蔔素	鰻魚、肝臟
維生素D	麥角鈣化醇、膽鈣化醇	肝臟、沙丁魚、魩仔魚
維生素E	生育酚、生育三烯酚	穀物、深色蔬菜
維生素K	葉綠醌、甲萘醌	納豆、菠菜

脂溶性維生素		
名稱	主要物質	含量豐富的食品
維生素B1	硫胺、蒜硫胺素	肝臟、豆類、牛奶
維生素B2	核黃素	肝臟、鰻魚、蛋黃
維生素B3	菸鹼酸	肝臟、肉類、魚類
維生素B6	吡哆醇、吡哆醛	肝臟、肉類、魚類
維生素B12	氰鈷胺	肉類、魚類、乳酪
維生素B9	蝶醯麩胺酸	肝臟、肉類、蛋黃
維生素B5	泛酸	肉類、魚類、牛奶
維生素C	抗壞血酸	橘子、草莓、蕃茄
生物素	生物素	花生、杏仁

主要的維生素約有13種，每種都有重要的功能喔！

FILE. 118 視黃醇

retinol

名 稱 由 來	源自拉丁文的「retina」，為「網」之意
主 要 功 能	製造能讓視網膜區分明暗的物質
相 關 物 質	視紫質、視蛋白等
相 關 部 位	視網膜等

能區分明暗的視紫質，是透過視黃醇的化合物所產生！

視黃醇是**維生素 A 的主要物質**，其重要功能構成視網膜中的視桿細胞。名為視紫質（P.175）的物質能區分明暗，是由視蛋白所組成，視蛋白是由視黃醇和蛋白質結合而成。鰻魚或肝臟含有視黃醇。

類別 脂溶性維生素、維生素 A

MEMO
β-胡蘿蔔素在體內是維生素 A 的合成前體，不僅能維持視網膜的功能，還具有抗氧化作用或支持免疫系統的功能。

FILE. 119 β-胡蘿蔔素

β-carotene

名 稱 由 來	源自拉丁文的「carota」，為「胡蘿蔔」之意
主 要 功 能	轉化為維生素 A 等
相 關 物 質	視黃醇、NADH 等
相 關 部 位	視網膜、小腸等

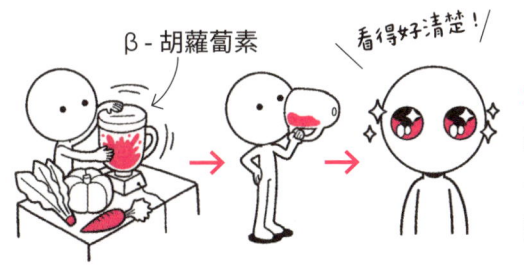

β-胡蘿蔔素是**在體內轉化為維生素 A 的維生素原 A 之一**，β-胡蘿蔔素被輔酶的 NADH 還原成兩分子的視黃醇，大量存在於小松菜或甜椒等食物中。

β-胡蘿蔔素會成為製造視網膜的視黃醇，以維持眼睛的功能。

類別 脂溶性維生素、維生素 A

第 6 章 維生素

FILE. 120 麥角鈣化醇／膽鈣化醇

ergocalciferol／cholecalciferol

名稱由來	源自英文的「carciferol」,代表維生素 D
主要功能	鈣的吸收與維持骨組織等
相關物質	鈣、磷酸等
相關部位	骨骼、小腸等

麥角鈣化醇與膽鈣化醇都是維生素 D 之一。嚴格來說,維生素 D 共有 6 種,但活性較高的麥角鈣化醇(維生素 D2)和膽鈣化醇(維生素 D3)統稱為維生素 D。維生素 D 可促進小腸中鈣或磷酸的吸收,並維持骨組織的發育,除了可透過菇類攝取,當人暴露在紫外線的時候,體內也會產生維生素 D。

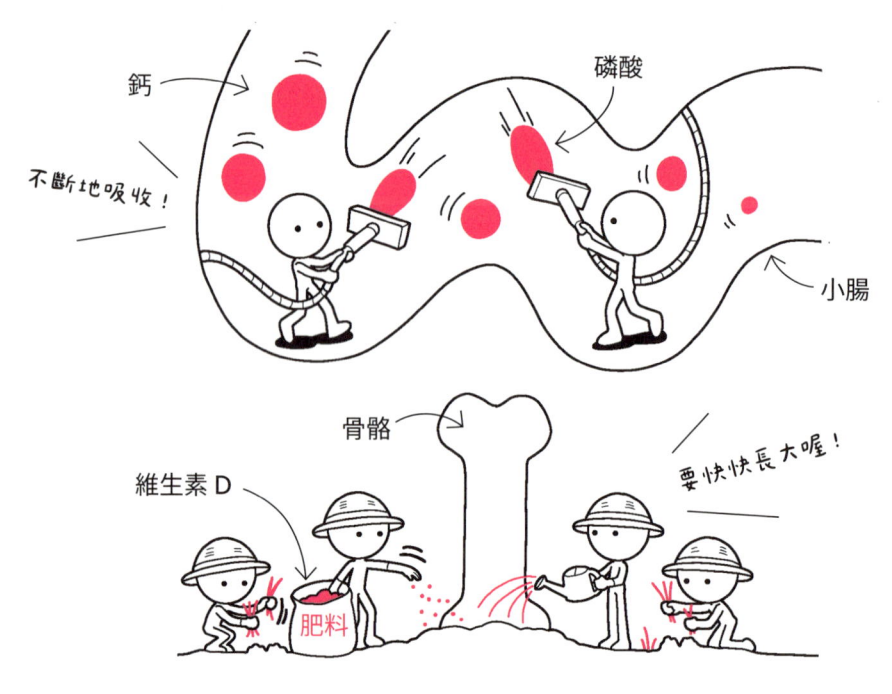

維生素 D(麥角鈣化醇／膽鈣化醇)會促進小腸中鈣或磷酸的吸收。此外,在骨組織的發育或維護中發揮作用。

類別 脂溶性維生素、維生素 D

FILE. 121 生育酚／生育三烯酚

tocopherol / tocotrienol

- **名稱由來** = 源自希臘文的「tocos」，為「生子」之意
- **主要功能** = 抗氧化作用等
- **相關物質** = 低密度脂蛋白等
- **相關部位** = 細胞、血液等

第6章 維生素

α-生育酚

我留下遮陽傘了

這樣就不會氧化了

脂質

維生素E中，α-生育酚具有容易被氧化的性質，可以保護脂質不被氧化。

　　維生素E共有8種，包括生育酚和生育三烯酚，每種都有α、β、γ和δ的形式。其中，α-生育酚已被證實對人體具有生理功能。α-生育酚能夠保護低密度脂蛋白中的脂質免於氧化，它大量存在於細胞內胞器模中，據說可以穩定生物膜並防止自噬。杏仁等堅果類含有豐富的維生素E。

類別 脂溶性維生素、維生素E

141

FILE. 122 葉綠醌／甲萘醌

phylloquinone／menaquinone

- 名 稱 由 來 ═ 源自將苯環的兩個氫原子被兩個氧原子取代的化合物「quinone」
- 主 要 功 能 ═ 調整血液凝固等
- 相 關 物 質 ═ 凝血酶原、鈣離子等
- 相 關 部 位 ═ 小腸、肝臟等

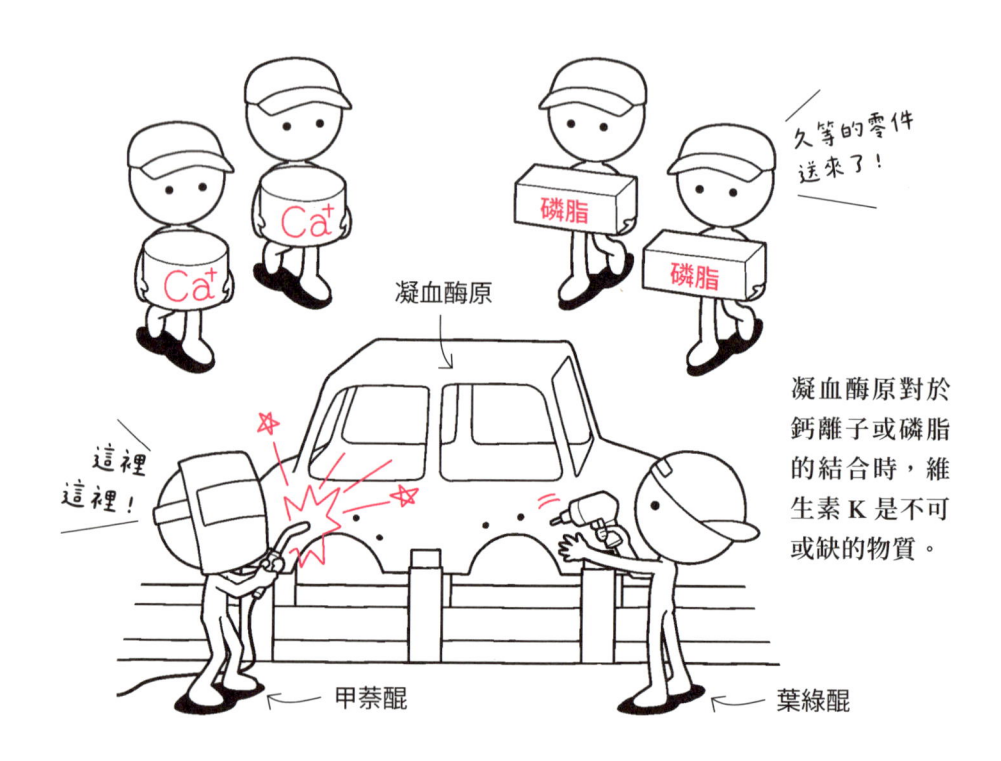

久等的零件送來了！

磷脂

凝血酶原

這裡這裡！

甲萘醌　　　葉綠醌

凝血酶原對於鈣離子或磷脂的結合時，維生素 K 是不可或缺的物質。

　　維生素 K 包括葉綠醌與甲萘醌等種類，葉綠醌由植物合成。另一方面，甲萘醌是在人體的腸道中合成，存在於發酵食品或動物性食品中。就其生理功能而言，血液凝固時需要產生體內必須的凝血酶原，缺乏時會導致凝血酶原難以與鈣離子或磷脂結合。納豆或菠菜等食物含有豐富的維生素 K。

類別　脂溶性維生素、維生素 K

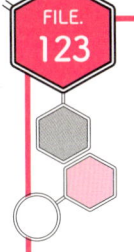

FILE. 123 硫胺

thiamin

- **名稱由來** = 源自氨的氫原子被烴基或芳香族基團取代的化合物「胺（amine）」
- **主要功能** = 生產能量、維持黏膜等
- **相關物質** = 硫胺素焦磷酸等
- **相關部位** = 皮膚、黏膜等

硫胺也稱為硫胺素，被歸類為維生素 B1，在體內轉化為硫胺素焦磷酸，並成為輔酶。從醣類產生能量時，硫胺發揮重要作用，並且具有維持皮膚或黏膜的功能。硫胺的種類會依結合的磷酸長度而不同。泡麵等食物含有硫胺。

類別 水溶性維生素、維生素 B1

硫胺在體內會成為輔酶，是生產能量時所需的物質。

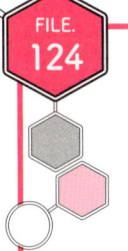

FILE. 124 蒜硫胺素

Allithiamine

- **名稱由來** = 大蒜素（allicin）和硫胺（thiamin）的複合語
- **主要功能** = 生產能量、維持黏膜等
- **相關物質** = 蒜氨酸、蒜氨酸酶、大蒜素等
- **相關部位** = 小腸、肝臟等

當大蒜被壓碎以分解其組織時，蒜氨酸和蒜氨酸酶相互作用形成大蒜素，蒜硫胺素是透過添加維生素 B1 的硫胺而產生，易溶於油為其性質，並儲存在肝臟等部位，因此也被用來製成營養補充食品。

類別 水溶性維生素、維生素 B1

蒜硫胺素比硫胺更易於從腸道吸收。

第 6 章 維生素

FILE. 125 核黃素

riboflavin

- **名稱由來** = 為「ribo」（核糖體）和「flavin」（色素）的複合語
- **主要功能** = 生產能量、皮膚或毛髮的再生等
- **相關物質** = FMN1、FAD 等
- **相關部位** = 小腸、皮膚、毛髮、視網膜等

核黃素FAD 等形式存在於體內，缺乏的話會導致口腔潰瘍或口角炎。

　　核黃素被歸類為維生素 B2，也稱為乳黃素。核黃素存在於視網膜、乳汁和皮膚中，並以遊離型存在於尿液中。核黃素會以黃素單核苷酸（FMN1）和黃素腺嘌呤二核苷酸（FAD）的形式參與能量的產生，它們是黃素酵素的輔酶。

　　食物中的 FAD 被小腸中的酵素去磷酸化，並迅速以核黃素的形式被吸收。

類別 水溶性維生素、維生素 B2

FILE. 126 吡哆醇

pyridoxine

名稱由來	源自希臘文的「pyro」，為「火」之意
主要功能	合成血基質、代謝色胺酸等
相關物質	吡哆醛、吡哆胺等
相關部位	血液、肝臟等

維生素 B6 以吡哆醇為首，還包括吡哆醛和吡哆胺等六種，這些維生素都無法在體內合成，必須透過食物攝取。吡哆醇除了參與構成血紅素的血基質合成外，也有助於蛋白質的分解。

類別　水溶性維生素、維生素 B6

吡哆醇能幫助分解蛋白質，隨著蛋白質攝取量的增加，維生素 B6 的需求量也會增加。

FILE. 127 氰鈷胺

cyanocobalamin

名稱由來	源自英文的「cyano」（藍色之意）和金屬鈷「cobalt」的複合語。
主要功能	合成甲硫胺酸或血紅素等
相關物質	5-去氧腺苷鈷胺素、甲鈷胺等
相關部位	胃、血液等

氰鈷胺是維生素 B12 之一，又稱鈷胺素，在體內會迅速轉化為 5-去氧腺苷鈷胺素和甲鈷胺，在甲硫胺酸的合成中發揮作用。氰鈷胺也有助於血紅素或 DNA 的產生，牡蠣等食物含量特別豐富。

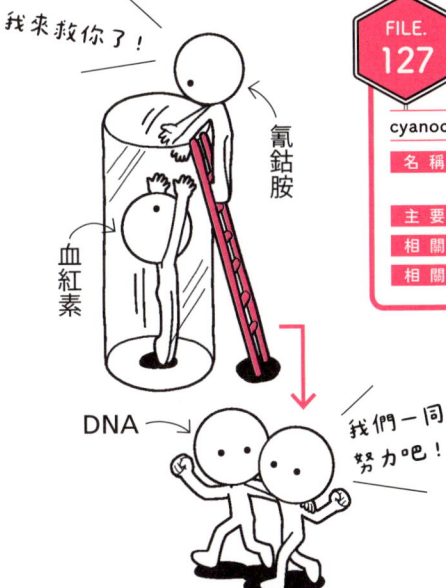

氰鈷胺的功能是幫助血紅素或 DNA 的產生。

類別　水溶性維生素、維生素 B12

FILE. 128 菸鹼酸

niacin

名稱由來	為菸鹼酸維生素（NIcotinic ACid vitamIN）的縮寫
主要功能	分解蛋白質或酒精等
相關物質	菸鹼醯胺、酒精等
相關部位	胃、小腸等

　　維生素 B3 屬於維生素 B 群，也稱為菸鹼酸，廣泛存在於動植物中，在人體體內被胃和小腸吸收後**轉化為菸鹼醯胺，並合成 NAD**。NAD 與 ATP 產生反應後形成 NADP，其作用是還原細胞中的物質。此外，維生素 B3 也參與**蛋白質、醣類或酒精的分解**。肝臟或魚類含有豐富的維生素 B3，若攝取不足會引發名為糙皮病的維生素缺乏症，導致消化不良或食慾不振等症狀。

維生素 B3 會對分解醣類、脂質和蛋白質的氧化還原酶產生作用，並幫助分解酒精等。

趕緊吃完並進行分解吧！

醣類
脂質
蛋白質
酒精

類別	水溶性維生素、維生素 B

FILE. 129 葉酸

folic acid

名稱由來	源自拉丁文的「folium」，為「葉子」之意
主要功能	胎兒成長、代謝核酸或胺基酸等
相關物質	胸苷、普林、血紅素等
相關部位	腦、血液、心臟等

葉酸是胎兒或嬰幼兒的重要營養成分，建議在懷孕期間多加補充。

　　葉酸是維生素 B 群之一，也稱為蝶醯麩胺酸。深色蔬菜含有豐富的葉酸，並**以葉酸輔酶的形式參與體內核酸或胺基酸的代謝**。例如，對於核酸的前身胸苷或嘌呤的合成，葉酸輔酶的作用十分重要。此外，葉酸還與維生素 B12 配合，負責產生血紅素。葉酸也被認為是**胎兒的重要營養素**，被運用在營養補助食品或藥物的領域。

類別 水溶性維生素、維生素 B

FILE. 130 泛酸

pantothenic acid

名稱由來	源自希臘文「pantethine」，為「無處不在」之意
主要功能	分解蛋白質、醣類、脂類等
相關物質	乙醯輔酶A、褪黑素
相關部位	腎上腺皮質、消化道

　　泛酸被歸類為維生素B5，是所有動植物所必需的維生素。泛酸**在體內轉變為輔酶A之輔酶**，與醯基產生反應生成乙醯輔酶A、琥珀醯輔酶A與丙二醯輔酶A等物質。這些物質對於分解醣類、蛋白質和脂質等是不可或缺的存在。此外，泛酸對於褪黑激素的產生和血紅素成分的血基質合成也會發揮作用，納豆、鮭魚和沙丁魚等食物含量特別豐富。

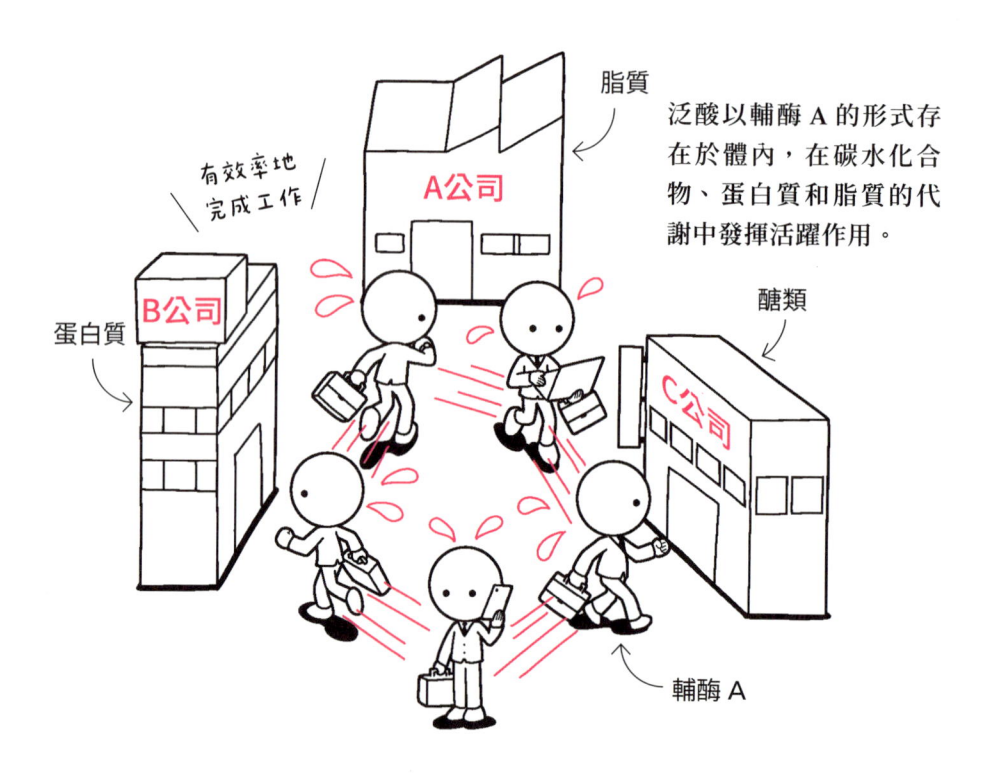

泛酸以輔酶A的形式存在於體內，在碳水化合物、蛋白質和脂質的代謝中發揮活躍作用。

| 類別 | 水溶性維生素、維生素B5 |

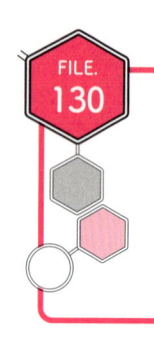

FILE. 131 維生素 C

ascorbic acid

名稱由來	源自抗壞血病之意的「anti-scorbic」
主要功能	產生膠原蛋白、代謝胺基酸等
相關物質	膠原蛋白、苯丙胺酸、酪胺酸等
相關部位	血液、心臟、雞肉等

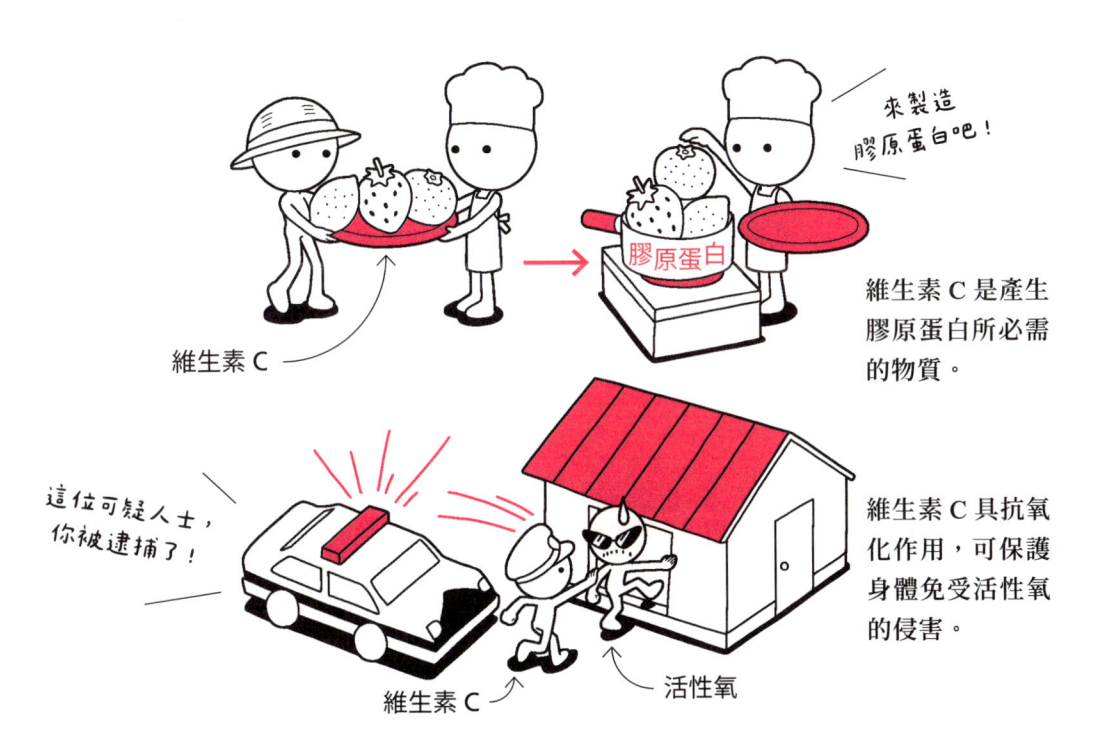

來製造膠原蛋白吧!

維生素 C → 膠原蛋白

維生素 C 是產生膠原蛋白所必需的物質。

這位可疑人士,你被逮捕了!

維生素 C　活性氧

維生素 C 具抗氧化作用,可保護身體免受活性氧的侵害。

　　抗壞血酸,也就是所謂的維生素 C,最早是因為運用橘子、檸檬和蔬菜類治療壞血病而發現此物質。維生素 C 的水溶液呈酸性,具有強大的還原能力,它對於產生構成骨骼或肌肉的膠原蛋白是不可或缺的要素,若缺乏會削弱身體組織並容易出血。此外,維生素 C 也是代謝苯丙胺酸與酪胺酸等胺基酸所需的物質,柑橘類或草莓當中含量特別豐富。

類別	水溶性維生素、維生素 C

礦物質

礦物質是血液或神經傳輸的必需物質。
如同所述，由於礦物質不能在體內合成，
認識礦物質與食物的關係顯得十分重要。

主要礦物質和微量元素

目前已知的礦物質約有 100 多種。礦物質也被稱為生物金屬元素，但因為礦物質還包括氟、碘等非金屬元素，並未獲得明確的定義。被視為人體所必需的礦物質共有 17 種，其中**包括 7 種主要礦物質和 10 種微量元素**。透過下圖可以看出，礦物質在人體的組成中扮演相當重要角色。

礦物質的主要功能

主要礦物質	
硫	建構皮膚、頭髮、指甲等
氯	胃液成分、殺菌作用
鈉	調節血液或體液的滲透壓、抑制肌肉或神經的興奮
鉀	抑制血壓升高
鎂	強化骨骼或牙齒、抑制神經興奮
鈣	建構骨骼或牙齒
磷	建構骨骼或牙齒、幫助醣類代謝

微量元素	
鐵	紅血球中組成血紅素的成分
鋅	增強生殖功能、活化荷爾蒙合成
銅	調節血液或體液的滲透壓、抑制肌肉幫助產生血紅素或神經的興奮
錳	建構骨骼或關節、幫助代謝醣類或脂質
碘	促進生長發育、增進基礎代謝
硒	抗氧化作用
鉬	在肝臟或腎臟中分解陳舊廢物
鉻	提高糖或脂質代謝
鈷	構成維生素B12的成分
氟	穩定骨骼、強化牙齒琺瑯質

礦物質的四大功能

礦物質大致可分為四種主要功能。

首先,礦物質是**構成身體的成分**。例如,鐵是製造血基質的原料,而血基質的作用構成紅血球主要物質血紅素,據說有數百種的蛋白質或酵素參與鐵的產生。礦物質的第二項功能是**神經傳導或肌肉運動的正常化**作用,磷或鉀扮演特別重要的角色,並與細胞內的訊號傳遞息息相關。

第三是**促進消化或代謝的功能**,氯是其中的代表物質。氯是消化食物的胃酸原料,並間接活化分解蛋白質的胃蛋白酶。鋅在細胞代謝中也發揮多種作用,包括調整 DNA 的轉錄等。

最後的功能是**維持體內恆定**。體內恆定是指無論周圍環境或攝取的食物為何,體內皆保持一定的水分量和體溫的功能。雖然可以直接從食物攝取大多數的礦物質,但像是硫等其他物質得透過體內產生。

正常尿液中含有的成分量

微量元素	
鈣	牛奶、優格、小魚、大豆、深色蔬菜
鎂	大豆、深色蔬菜、海藻類、堅果類
鈉	鹽、味噌、醬油、火腿
鉀	蔬菜、水果、薯芋類、海藻類
鐵	肝臟、羊棲菜、深色蔬菜
碘	海藻、紫菜
鋅	牡蠣、貝類、肝臟、柑橘類
銅	穀類、豆類、牡蠣
硒	海鮮、芝麻、穀類、豆類
錳	香蕉、菠菜、香料
鉻	文蛤、雞肉、奶油
鉬	穀類、豆類、肝臟

這些都是可以直接從食物攝取礦物質的例子!

FILE. 132 鈣

calcium

名 稱 由 來	源自拉丁文的「calcsis」，為「石灰」之意
主 要 功 能	構成骨骼或牙齒、分泌激素等
相 關 物 質	羥磷灰石、胰島素等
相 關 部 位	骨骼、牙齒、血液等

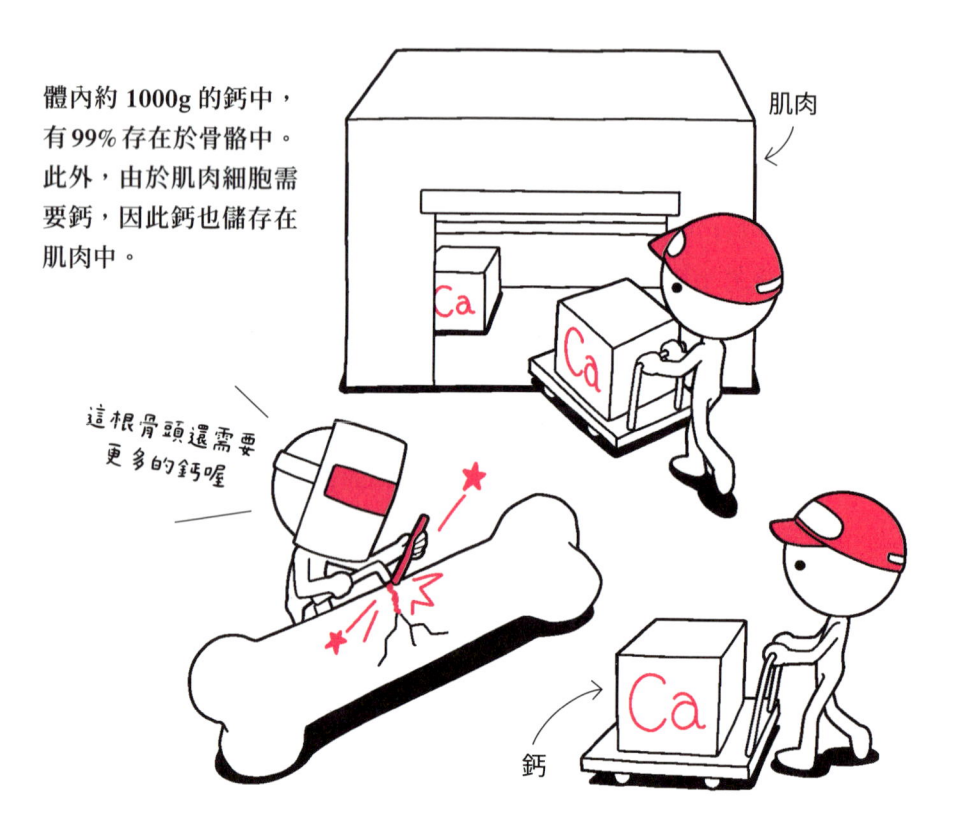

體內約 1000g 的鈣中，有 99% 存在於骨骼中。此外，由於肌肉細胞需要鈣，因此鈣也儲存在肌肉中。

這根骨頭還需要更多的鈣喔

肌肉

鈣

　　鈣是體內常見的礦物質之一，體內約 99% 的鈣存在於骨骼和牙齒中，其餘的 1% 存在於血液和肌肉中。骨骼的礦物質成分主要由含有大量鈣和磷的羥磷灰石所組成，因此是骨骼的必需成分。鈣在維持生物功能扮演重要角色，對於收縮與舒張血管、收縮肌肉以及分泌胰島素等激素方面發揮極其重要的作用。牛奶或小魚等食物當中含量特別豐富。

FILE. 133 鈉

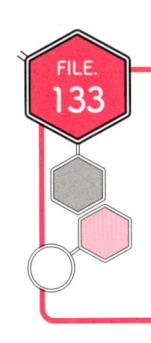

natrium

- **名 稱 由 來**＝源自拉丁文的「natron」，為「治療頭痛的天然蘇打水」之意
- **主 要 功 能**＝胺基酸或葡萄糖的吸收，維持體內水分量等
- **相 關 物 質**＝葡萄糖、鈣等
- **相 關 部 位**＝小腸、肌肉、血液等

第 6 章　礦物質

　　鈉為構成食鹽的礦物質，其離子化合物（鈉離子）構成包括血漿的細胞外液。在小腸中，鈉能幫助**吸收胺基酸或葡萄糖等主要成分**。此外，在水分吸收方面，鈉也發揮重要的作用，能**讓體內維持適當的水分量**。在肌肉中，鈉像鈣一樣能控制收縮和鬆弛，具有廣泛的生理功能，並存在於大多數的食物中。

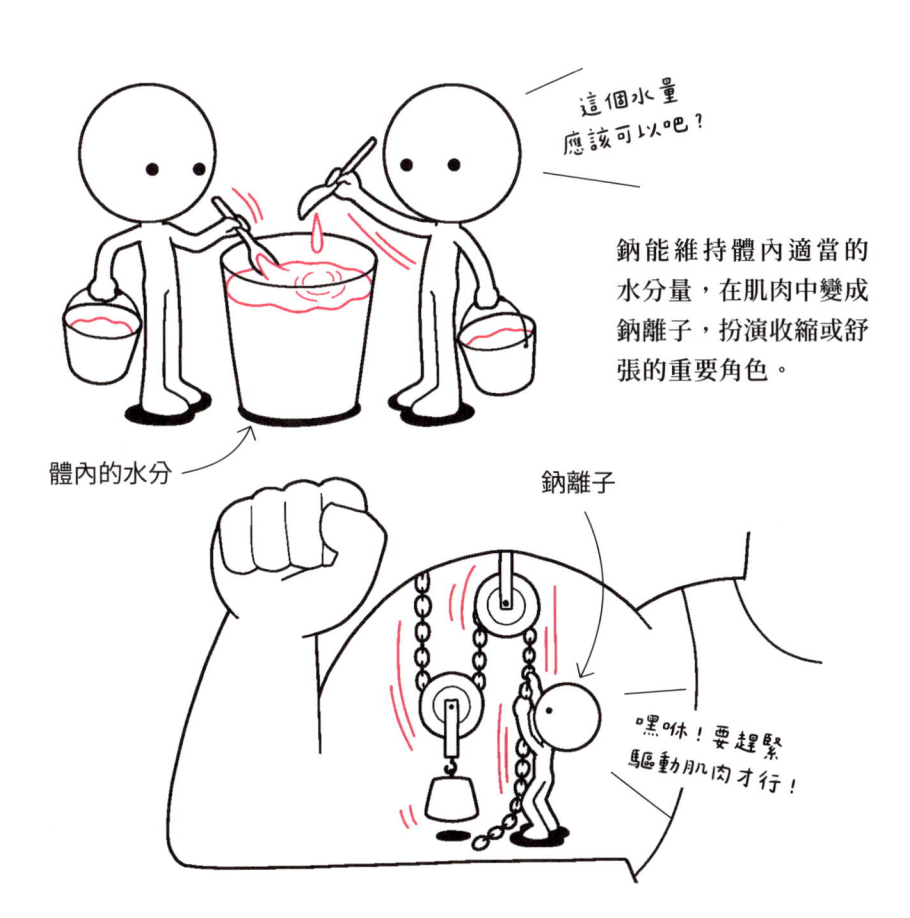

這個水量應該可以吧？

鈉能維持體內適當的水分量，在肌肉中變成鈉離子，扮演收縮或舒張的重要角色。

體內的水分

鈉離子

嘿咻！要趕緊驅動肌肉才行！

153

FILE. 134 鐵
iron

- **名稱由來** = （元素符號的 Fe）為來自拉丁文的「ferrum」，為「鐵」之意
- **主要功能** = 輸送氧氣、生產能量、DNA 合成等
- **相關物質** = 血紅素、細胞色素等
- **相關部位** = 血液、甲狀腺、肝臟、脾臟等

鐵是生成血紅素的必需營養素，可區為分為動物性的血紅素鐵與植物性的非血紅素鐵。

鐵的功能是輸送氧氣、生產能量或合成 DNA 等，是具有多種功能的礦物質。像是血紅素、細胞色素等，**鐵參與生成的蛋白質或酵素種類實際超過數百種**。肝臟、魚類、大豆等食物含有豐富的鐵。

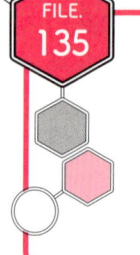

FILE. 135 鎂
magnesium

- **名稱由來** = 源自希臘文的「magnes」，為「氧化鎂石」之意
- **主要功能** = 酵素活性、維持鈣功能等
- **相關物質** = 鈣、磷等
- **相關部位** = 血液、神經系統、肌肉等

鎂與數百種酵素的活性有關，也是參與體內能量代謝的礦物質。鎂與鈣有特別密切的聯繫，可以**防止鈣進入細胞或沉積在組織中**。堅果類或深色蔬菜含量豐富。

鎂與鈣和磷一同構成骨骼，並與神經或肌肉息息相關。

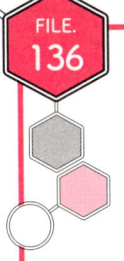

FILE. 136 磷

phosphorus

- **名稱由來**＝源自希臘文的「phosphoros」，為「光載體」之意
- **主要功能**＝維持體內 pH 值、細胞內神經傳導等
- **相關物質**＝核苷酸、磷脂等
- **相關部位**＝神經系統、肝臟等

磷是僅次於鈣在體內含量第二豐富的礦物質，並形成多種物質，例如**構成核酸的核苷酸，以及構成生物膜的磷脂等**。此外，磷能維持體內的 pH 值，並與細胞內的神經傳遞有關。魚類或乳製品含有豐富的磷，也被用來製作清涼軟飲料。

生產能量

ATP 由磷製成

磷也是產生能量的 ATP 組成成分。

FILE. 137 鉀

kalium

- **名稱由來**＝源自阿拉伯語的「kaljan」，為「灰」之意
- **主要功能**＝調節滲透壓、排泄鈉等
- **相關物質**＝鈉、腎素等
- **相關部位**＝骨骼肌、血液、心臟、神經系統等

鉀主要**存在於與蛋白質結合的細胞中**，其作用是調節並保持細胞內液體的滲透壓恆定，以及負責神經興奮和肌肉收縮等生理功能。鉀與鈉息息相關，具有**排出攝取過量的鈉**之作用。菠菜等綠色蔬菜含有豐富的鉀。

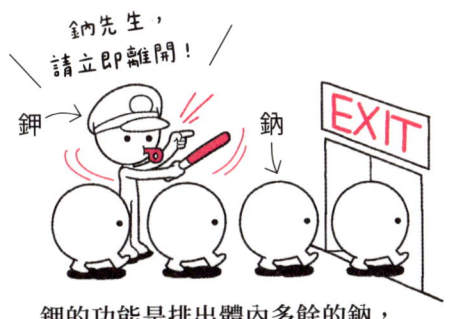

鈉先生，請立即離開！

鉀　　鈉　　EXIT

鉀的功能是排出體內多餘的鈉，並抑制血壓升高。

FILE. 138 硫

sulfur

- 名 稱 由 來 ─ 源自梵語的「sulvere」，為「火源」之意
- 主 要 功 能 ─ 頭髮或皮膚的形成、有害礦物質的解毒等
- 相 關 物 質 ─ 甲硫胺酸、半胱胺酸等
- 相 關 部 位 ─ 皮膚、肝臟、毛髮、皮膚等

硫是**由含硫胺基酸的甲硫胺酸或半胱胺酸所組成**。甲硫胺酸輸送具有抗氧化作用的硒，半胱氨酸則是製造頭髮或皮膚等，硫還具有**解毒有害礦物質的作用**，並在類固醇激素的生物合成中發揮活躍作用。肉類或魚類等食物含有豐富的硫。

讓毛髮或皮膚變得更美

硫具有製造毛髮或皮膚的功能。

FILE. 139 氯

chlorine

- 名 稱 由 來 ─ 源自希臘文的「chloros」，為「黃綠色」之意
- 主 要 功 能 ─ 構成胃酸、維持滲透壓等
- 相 關 物 質 ─ 胃蛋白酶等
- 相 關 部 位 ─ 胃、胰臟等

氯為礦物質之一，是胃酸構成成分鹽酸的原料，與消化息息相關，能**間接活化分解蛋白質的胃蛋白酶**，或是參與胰液的分泌等。此外，氯還有**維持體內滲透壓**的作用，由於具有很強的消毒作用，被運用於製作次氯酸水等產品。

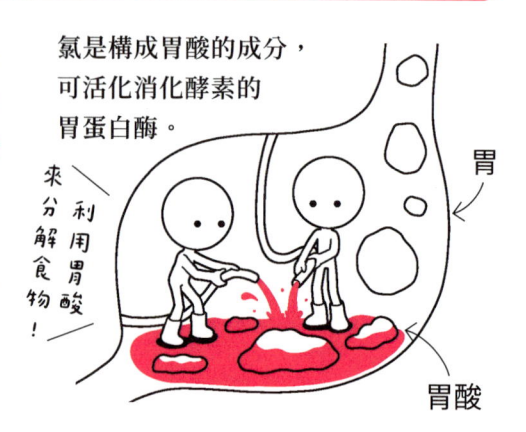

氯是構成胃酸的成分，可活化消化酵素的胃蛋白酶。

來分解食物！利用胃酸

胃
胃酸

FILE. 140 銅

copper

名 稱 由 來	源自拉丁文的「cyprus」，為「賽普勒斯島」之意
主 要 功 能	輸送氧或鐵、神經傳遞等
相 關 物 質	血紅素、膽固醇等
相 關 部 位	骨骼、骨骼肌、血液、肝臟等

鋅會與銅或鐵等物質相互作用，具阻礙吸收的可能性。

銅是主要存在於骨骼、骨骼肌和血液中的礦物質，它會與蛋白質結合並引起各種生物反應，特別是輸送氧或鐵，以及在神經傳遞中發揮作用。銅一旦進入體內，就會在小腸中被吸收並轉運到肝臟。牡蠣和魷魚乾等食物含有豐富的銅。

銅扮演輸送鐵的角色，以製造血紅素。

MEMO
身體嚴重缺乏鋅時，不僅會導致味覺障礙，還會導致慢性腹瀉或食慾不振等症狀。

FILE. 141 鋅

zinc

名 稱 由 來	源自德文的「zinken」，為「叉子尖端」之意
主 要 功 能	穩定細胞膜、基因轉錄等
相 關 物 質	轉錄因子、睪固酮等
相 關 部 位	肝臟、腎臟、骨骼肌、血液等

鋅是許多酵素或荷爾蒙的成分，具有維持味覺正常化的作用。

缺乏味覺　添加鋅後　開始產生味覺

鋅是存在於肝臟、腎臟、骨骼和肌肉中的礦物質，在細胞代謝中發揮著巨大的作用。例如，鋅具有穩定蛋白質或細胞膜結構、調整基因轉錄等作用。牡蠣或鰻魚等食物含有豐富的鋅，如果攝取不足的話可能會導致味覺障礙。

第6章 礦物質

157

FILE. 142 硒

selenium

- **名稱由來** = 源自希臘文的「selene」，為「月神塞勒涅」之意
- **主要功能** = 抗氧化作用等
- **相關物質** = 麩胱甘肽過氧化物酶、維生素 E 等
- **相關部位** = 血液、骨骼肌等

硒在體內以硒蛋白的形式存在於血液或肌肉中，許多酵素都是由硒產生的，主要酵素包括麩胱甘肽過氧化物酶或碘甲狀腺原氨酸脫碘酶等。硒與維生素 E 或維生素 C 一起發揮抗氧化作用，以 **保護組織免受活性氧的侵害**。

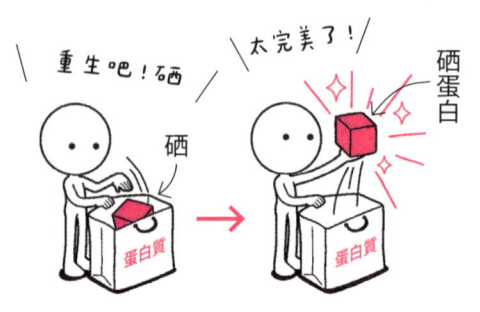

重生吧！硒　太完美了！　硒蛋白　硒　蛋白質　蛋白質

進入體內的硒會變成硒蛋白，在體內發揮作用。

FILE. 143 錳

manganese

- **名稱由來** = 源自希臘文的「magnes」，為「氧化鎂石」之意
- **主要功能** = 形成骨骼、醣類或脂質代謝等
- **相關物質** = 錳超氧化物歧化酶等
- **相關部位** = 胰臟、肝臟、血液、毛髮等

錳是一種廣泛存在於體內器官中的礦物質，並構成眾多酵素，代表性的酵素包括精胺酸分解酶、乳酸脫羧酶、錳超氧化物歧化酶等。**源自錳的酵素除了與骨骼形成有關，也會對醣類或脂質代謝產生作用**。穀類或堅果類等食物含有豐富的錳。

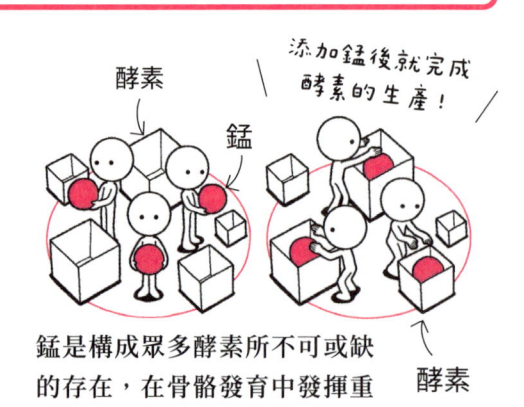

酵素　錳　添加錳後就完成酵素的生產！

錳是構成眾多酵素所不可或缺的存在，在骨骼發育中發揮重要作用。

FILE. 144 碘

iodine

名 稱 由 來	源自希臘文的「iodes」，為「菫紫色的」之意
主 要 功 能	甲狀腺激素生物合成等
相 關 物 質	三碘甲狀腺原氨酸、甲狀腺素等
相 關 部 位	甲狀腺、腦等

碘是形成甲狀腺激素的三碘甲狀腺素 T3 和四碘甲狀腺素 T4 所不可或缺的成分。甲狀腺與大腦功能密切相關，它會吸收血液中的碘，並變成甲狀腺激素儲存於體內。昆布、裙帶菜等食物含有豐富的碘。

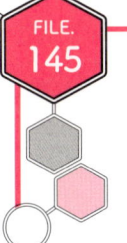

碘是產生甲狀腺激素的必需元素，當體內攝取碘後，碘會在甲狀腺中聚集並積聚。

FILE. 145 氟

fluorine

名 稱 由 來	源自拉丁文的「fluo」，為「流動」之意
主 要 功 能	強化牙齒琺瑯質等
相 關 物 質	琺瑯質等
相 關 部 位	牙齒等

氟已被證明可以強化牙齒琺瑯質，並抑制引起蛀牙的細菌產生。抹茶或沙丁魚等食物含有氟，也是運用在工業用途的物質，氟化氫是一種氟化合物，被認為對人體有劇毒。

氟對預防蛀牙有益處，它還具有恢復在飲食中溶解的礦物質作用。

第 6 章 礦物質

159

FILE. 146 鈷

cobalt

- **名 稱 由 來** = 源自德文的「kobold」，為「地下的妖精」之意
- **主 要 功 能** = 產生血紅素等
- **相 關 物 質** = 氰鈷胺、血紅素等
- **相 關 部 位** = 血液等

鈷是構成維生素 B12（氰鈷胺）的礦物質，由於氰鈷胺含有鈷，在所有維生素中具有獨特的結構。鈷是製造血液所不可或缺的維生素，但無法在體內合成，可從牡蠣和文蛤等貝類中攝取。

鈷是構成氰鈷胺的成分，與產生血紅素有關。

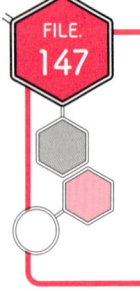

FILE. 147 鉻

chromium

- **名 稱 由 來** = 源自希臘文的「chroma」，為「顏色」之意
- **主 要 功 能** = 代謝葡萄糖等
- **相 關 物 質** = 胰島素、葡萄糖等
- **相 關 部 位** = 血液等

鉻分為三價鉻和六價鉻兩種型態，關於其生理功能，增進胰島素（P.221）的效果並幫助分解葡萄糖，是鉻已知的功能之一。然而，由於鉻的結構尚未完全獲得闡明，相關研究仍在進行中。青花菜、啤酒酵母等食物含有鉻。

鉻是代謝葡萄糖所必需的物質，缺乏會增加罹患糖尿病的風險。

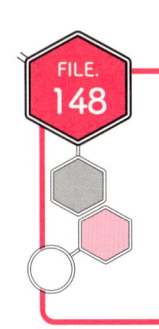

FILE. 148 鉬

molybdenum

名　稱　由　來	= 源自希臘文的「molybdos」，為「鉛」之意
主　要　功　能	= 代謝尿酸、搬運與排出鐵或銅等
相　關　物　質	= 黃嘌呤氧化酶、醛氧化酶等
相　關　部　位	= 肝臟、腎臟等

第6章 礦物質

鉬是礦物質之一，在體內大量存在於肝臟和腎臟中，作為黃嘌呤氧化酶、醛氧化酶、亞硫酸鹽氧化酶等的**輔酶產生作用**，這些酵素都與排泄尿酸、銅和鐵的**解毒作用**息息相關。因此，從遺傳性來看，如果無法合成源自鉬的酵素，可能導致新生兒罹患嚴重症狀。鉬被認為是人類必需的礦物質，但稻米等穀類含量豐富，幾乎不會有攝取不足的情形。

【鉬的功能 1】

與排出尿酸或體內的銅有關。

【鉬的功能 2】

作為氧化酶的輔酶產生作用。

第 1 部　組成身體的物質

第 7 章

組成其他器官的物質

人體是由細胞構成，細胞會聚集具有相似目的的物質，形成名為組織的群體，構成了體內的各種器官。在本章將要介紹在淋巴、呼吸系統和口腔組織中發揮作用的代表性物質。

INTRODUCTION

支持細胞或組織運作的物質

人體的各部位都是由各種物質所組成，但細胞是構成人體的基本單位。人體約有 37 兆個細胞，其種類多達 200 種。

雖然細胞的種類分為不同的類型，但細胞基本上皆以相似的形狀和相同的目的聚集在一起，這樣的集合稱為「組織」。身體的基本組織分為上皮組織、結締組織、肌肉組織以及神經組織，有許多不同類型的物質支持這些組織，每種物質都扮演重要的角色。

負責免疫系統的淋巴系統

為了對抗病毒，身體會運用稱為抗體的武器，淋巴球是產生這些抗體的主要細胞。淋巴球流經淋巴管，此組織稱為淋巴系統。

淋巴管沿著靜脈或動脈存在，沿途形成數個作為過濾裝置的淋巴結。淋巴系統中產生的白血球介素，是產生免疫細胞的必需物質。

支持各種器官構造的物質

肺、牙齒或胃等重要器官，得仰賴各式各樣物質的幫助下，才能發揮其功能。例如，在負責人類呼吸的肺泡中，稱為界面活性劑的物質會減少能量消耗；而在牙齒中，稱為夏庇氏纖維的物質會連接牙齒與牙齦。胃中進行消化時，物質之間的相互作用是不可或缺的過程。

辨識亮度或顏色的眼球機制

人類能感知光線或顏色的能力，是因視網膜中稱為視紫質和視紫藍質的物質所產生的作用，這兩種物質由維生素的視黃醇組成。

POINT
- 淋巴系統含有產生支持免疫系統細胞的物質
- 在肺、牙齒和胃中，都有支持各種器官發揮作用的物質
- 視紫質和視紫藍質是辨識光線或顏色的物質

FILE. 149 白血球介素

interleukin

- **名 稱 由 來**：英語為「白血球之間的訊息傳遞物質」之意
- **主 要 功 能**：活化免疫細胞等
- **相 關 物 質**：黃嘌呤氧化酶、醛氧化酶等
- **相 關 部 位**：感染、發炎部位等

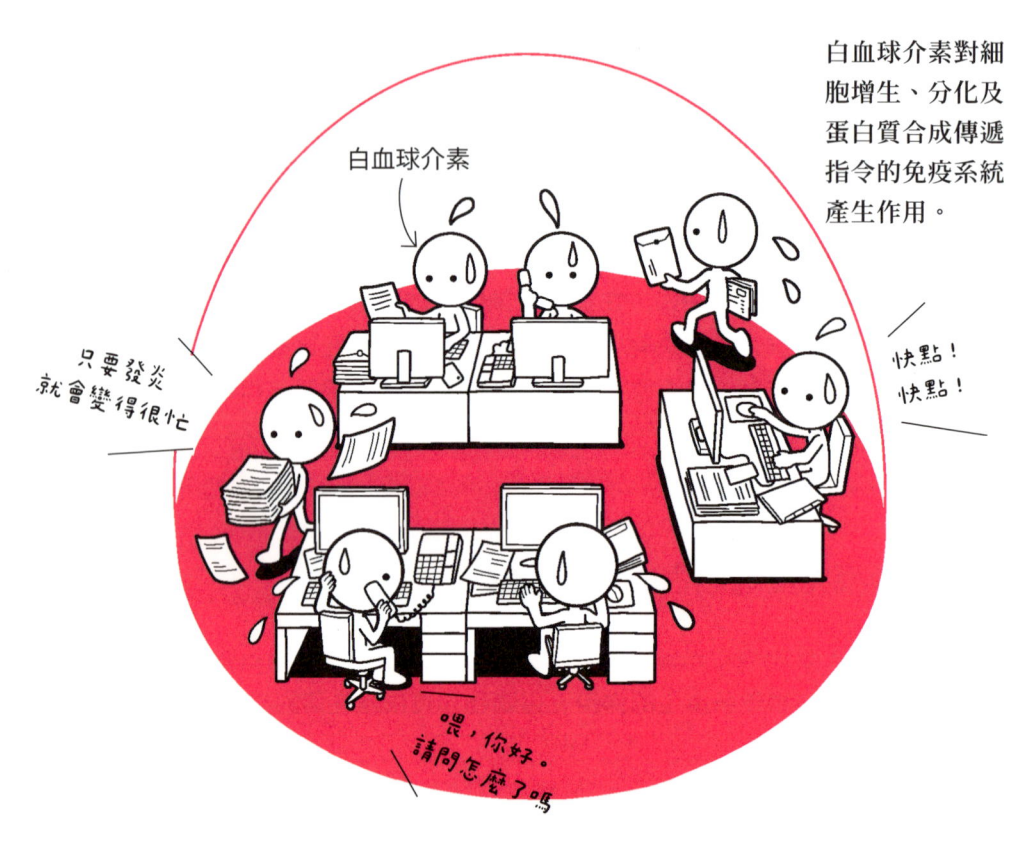

白血球介素對細胞增生、分化及蛋白質合成傳遞指令的免疫系統產生作用。

只要發炎就會變得很忙

快點！快點！

喂，你好。請問怎麼了嗎

　　白血球介素是在免疫細胞之間傳遞訊息的細胞激素之一，細胞激素是受到感染或發炎等刺激而從細胞產生。白血球介素主要是透過淋巴球產生，能**促進免疫系統細胞分化和增殖，或是造成細胞死亡**。事實上，經過確認的白血球介素有 30 種以上，並以縮寫 IL 來分配編號，例如，IL1 是由巨噬細胞產生，可**活化 T 淋巴球**。此外，若 IL6 產生過量，被認為導致類風濕性關節炎的原因。

解說 呼吸系統

　　呼吸是人類在無意識間進行的能量活動之一，而呼吸系統在呼吸中扮演十分重要的角色。

　　呼吸系統<u>由負責空氣進出的呼吸道和進行氣體交換的呼吸部</u>所組成。呼吸道由鼻子、喉嚨、氣管和支氣管組成，是通往肺部的通道。

　　肺部被稱為是掌管呼吸的呼吸部，由進行氣體交換的<u>肺泡</u>組成。肺泡中含有具膨脹作用的<u>界面活性劑</u>，並有分泌該物質的第二型細胞分佈。

　　肺部將氧氣吸入體內，並排出二氧化碳。

　　肺部吸入的氧氣擴散到血液中，與血紅素結合後輸送到全身。此結合物質稱為<u>氧合血紅素</u>。血液中的合氧血紅素濃度稱為<u>血氧濃度</u>，濃度飽和度變低，是引發身體各種症狀的原因。

　　此外，<u>碳醯胺基血紅素</u>會與血液中的二氧化碳結合，藉由此物質得以讓二氧化碳在血液中移動。

　　透過這些功能支持體內的呼吸，氧氣則是作為產生能量的必須分子。

第7章 組成其他器官的物質

Lesson

重碳酸氫根離子是優秀的載體

　　重碳酸氫根離子輸送血液中約 80% 的二氧化碳，此數值比碳醯胺基血紅素的數值高出約 8 倍。當入侵紅血球的二氧化碳被碳酸酐酶分解時，會產生重碳酸氫根離子，之後迅速擴散到血漿中。

FILE. 150 界面活性劑

surfactant

- **名 稱 由 來** ━ 英語為「界面活性劑」之意
- **主 要 功 能** ━ 擴張肺泡，防止感染等
- **相 關 物 質** ━ 磷脂、磷脂醯膽鹼等
- **相 關 部 位** ━ 肺等

界面活性劑是由肺泡表面的第二型細胞分泌，具有讓肺泡膨脹的功能。

肺泡

界面活性劑

我們可以促進呼吸

經由肺部呼吸時，界面活性劑是能減少**擴張肺泡**所需能量的物質，作為界面活性劑發揮作用，**幫助擴張肺泡，在進行呼吸時扮演非常重要的角色**。此外，界面活性劑還具有刺激巨噬細胞並保護肺部免受感染的能力，被運用於呼吸系統疾病的藥物。界面活性劑是由磷脂和蛋白質結合而成，大部分的磷脂是由磷脂膽鹼所組成。

FILE. 151 氧合血紅素

oxyhemoglobin

名 稱 由 來	英語中代表氧氣的「oxy」與血紅素（hemoglobin）的複合語
主 要 功 能	輸送氧氣等
相 關 物 質	紅血球、血紅素、去氧血紅素等
相 關 部 位	血液等

肺泡溶解到血漿中的氧氣，與血液中的血紅素結合後產生了氧合血紅素。氧合血紅素會將氧氣輸送到指尖等末端組織，接著分離氧氣變成去氧血紅素，更有效率地輸送氧氣。

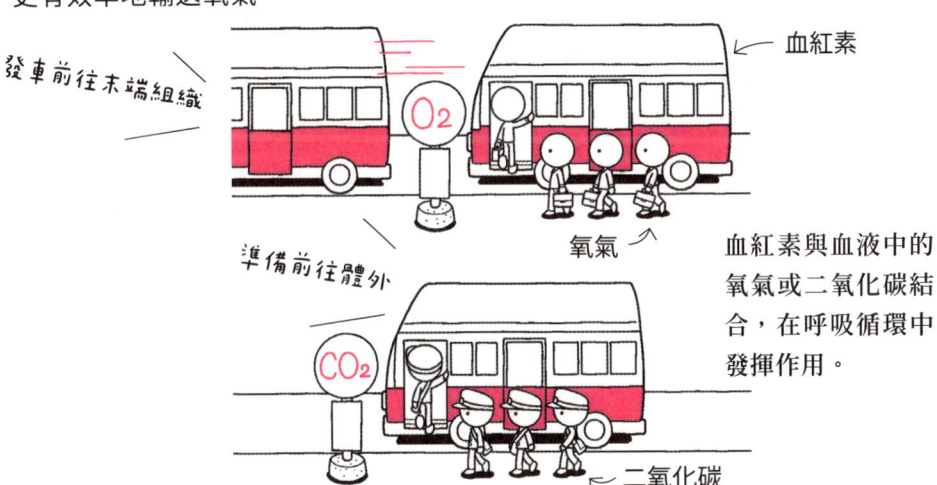

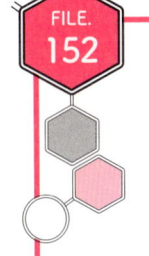

發車前往末端組織

血紅素

氧氣

準備前往體外

二氧化碳

血紅素與血液中的氧氣或二氧化碳結合，在呼吸循環中發揮作用。

FILE. 152 碳醯胺基血紅素

carbaminohemoglobin

名 稱 由 來	英語中代表胺甲酸衍生物的「carbamino」與血紅素（hemoglobin）的複合語
主 要 功 能	輸送二氧化碳等
相 關 物 質	紅血球、血紅素、重碳酸氫根離子等
相 關 部 位	血液等

體內產生的二氧化碳滲入紅血球，在碳酸酐酶的作用下轉化為重碳酸氫根離子，或與血紅素結合形成碳醯胺基血紅素。之後到達肺泡，並經由呼吸道排出體外。

第7章 組成其他器官的物質

解說 牙齒的構造與成分

牙齒有咬斷、咀嚼與磨碎食物的作用，可以說是消化食物的第一個器官。人的一生中長出的恆齒數量為 32 顆，呈左右對稱排列，這些牙齒各有不同的形狀，根據生長的位置而有門牙（前齒）或臼齒（後齒）等名稱。門牙用於咀嚼和咬斷食物，臼齒具有適合磨碎食物的平坦結構。

牙齒基本上是由琺瑯質、象牙質和牙骨質組成，幾乎都是由磷酸鈣所產生。很多人認為牙齒是白色的，但如果仔細觀察，會發現它們帶有輕微的黃色，這是因為牙體是由象牙質構成的，而象牙質比骨骼稍硬。

象牙質內部有一個稱為牙髓腔的空間（腔所），被稱為牙髓的組織佔據。牙髓含有為牙齒提供營養的血管或傳遞牙齒疼痛的神經，牙醫通常將牙髓稱為「神經」。

此外，牙骨質覆蓋牙根部位，並連接牙齒與牙齦，以膠原蛋白產生的夏庇氏纖維便擔任此角色。如此一來，牙齒透過雙層物質覆蓋血管或神經，得以保持強度。

Lesson

舌頭的構造與味覺

負責味覺功能的舌頭，分為舌前三分之二的舌體，以及後方三分之一的舌根。人會產生味覺，是起源於稱為味蕾的結構，味蕾位於舌體和舌根之間的交界處。人體是透過味覺來辨識成分，例如甜味是能量、鹹味是礦物質、鮮味是麩胺酸，而苦味是有毒的。

FILE. 153 羥磷灰石

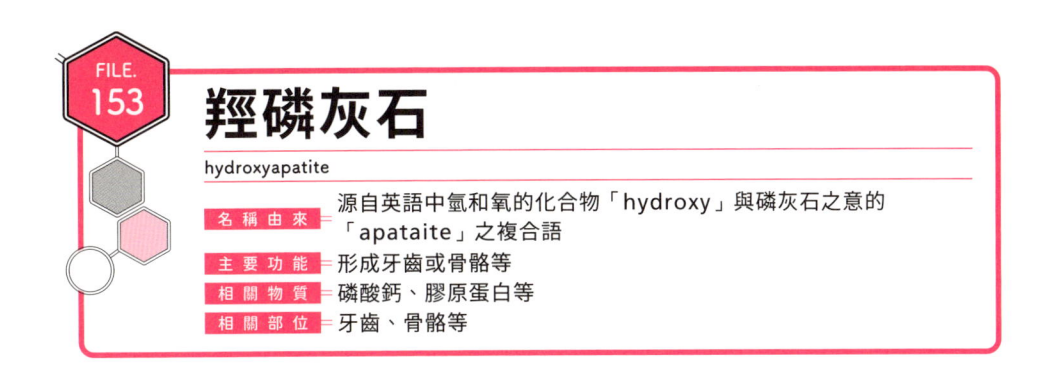

hydroxyapatite

名 稱 由 來	源自英語中氫和氧的化合物「hydroxy」與磷灰石之意的「apataite」之複合語
主 要 功 能	形成牙齒或骨骼等
相 關 物 質	磷酸鈣、膠原蛋白等
相 關 部 位	牙齒、骨骼等

羥磷灰石是磷酸鈣之一，與膠原蛋白同為是牙齒或骨骼的主要成分。牙齒分為從牙齦突出的牙冠和埋在牙齦下方的牙根，白色部分稱為琺瑯質，約有 97% 由羥磷灰石所組成。此外，此物質也構成了琺瑯質下方的象牙質，以及和黏附在牙根上的牙骨質，是牙齒所不可或缺的物質。

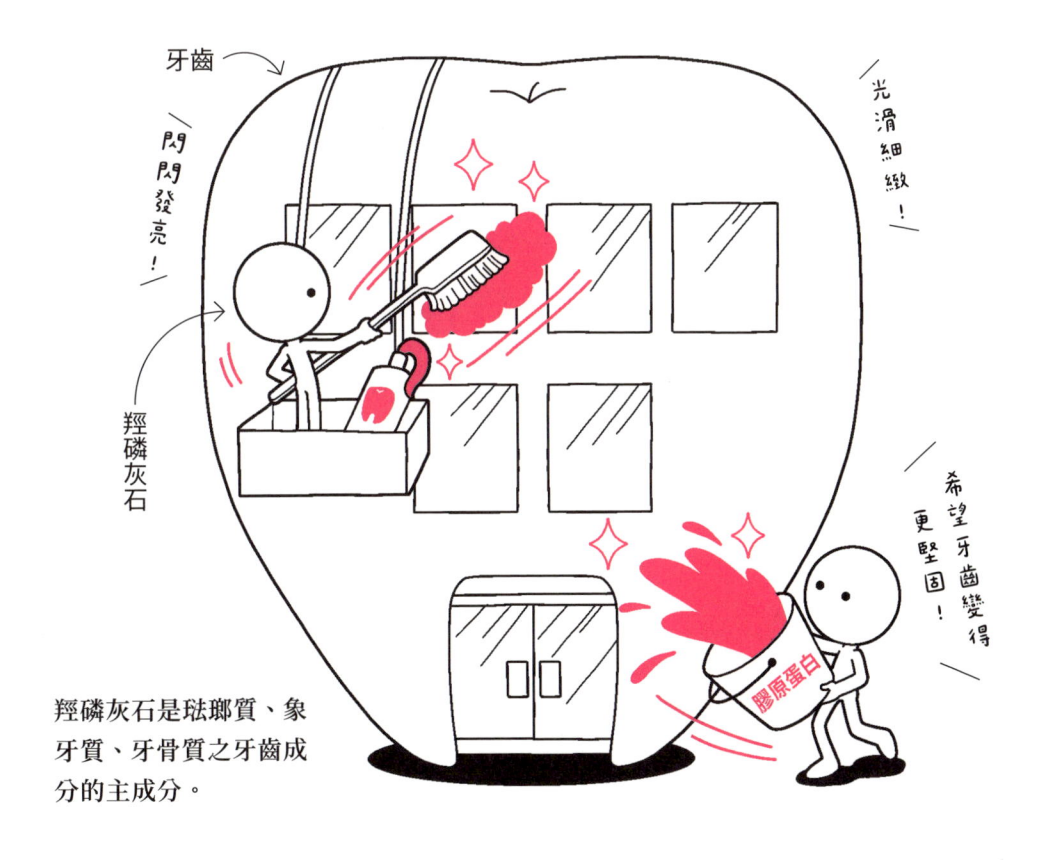

第 7 章　組成其他器官的物質

牙齒

閃閃發亮！

羥磷灰石

光滑細緻！

希望牙齒變得更堅固！

膠原蛋白

羥磷灰石是琺瑯質、象牙質、牙骨質之牙齒成分的主成分。

FILE. 154 夏庇氏纖維

sharpie fiber

名 稱 由 來	源自發現者的組織學家 Sharpy 之名
主 要 功 能	牙周組織、肌腱等的形成
相 關 物 質	牙骨質、牙本質等
相 關 部 位	牙齒、肌肉、肌腱、韌帶等

牙齒

骨骼

在這裡塗上黏著劑後，接著就要塗在肌肉上。

黏著劑

夏庇氏纖維

夏庇氏纖維是連接骨骼、牙齒和肌肉的強韌膠原纖維。

　　夏庇氏纖維是**連接牙齒和牙周組織的強韌膠原纖維**。牙周組織是包圍牙齒的組織，由牙齦、牙周膜、牙骨質和齒槽骨組成，夏皮纖維的主要功能是連接各部位，主要連接的有①象牙質、牙骨質和牙齦。②牙齒和鬆動的牙齦。③骨骼和牙骨質。另外，夏庇氏纖維也具有**將肌肉、肌腱、韌帶等與骨骼連接**的作用，讓人類得以維持極佳彈性的活動力。

解說　胃的構造與消化液

　　胃是位於食道和小腸之間消化食物的消化道之一，胃黏膜表面有許多凹陷分佈，稱為胃小凹，呈現細管狀的結構，主要功能為分泌胃液。

　　構成胃黏膜的細胞，包括分泌蛋白水解酶之胃蛋白酶的**胃的主細胞**、分泌鹽酸和**內在因子**的**胃壁細胞**。分泌胃泌素的 G 細胞分佈在與小腸相連的幽門中，而調節食慾的飢餓素細胞則廣泛分佈在胃的中心。

　　胃的功能是利用胃分泌的胃液消化在口腔中咬碎的食物。胃液呈強酸性，一天約分泌 1～1.5 公升，其主要成分為鹽酸和胃蛋白酶。胃壁細胞分泌鹽酸，胃蛋白酶以其前體**胃蛋白酶原**的形式，由主細胞分泌。胃蛋白酶原被鹽酸轉化為**胃蛋白酶**並經過活化，然後進行食物的消化（特別是蛋白質）。

　　此外，胃液的機制是讓胃泌素從 G 細胞釋放到血液中，並輸送到靠近胃食道的胃底後進行分泌。經過消化與分解的食物進入小腸，作為營養素被吸收。

第 7 章　組成其他器官的物質

Lesson

其他的消化液

　　消化液除了胃液，還包括唾液與胰液。一天大約分泌 1 公升的唾液，其中所含的 α- 澱粉酶將澱粉轉化為糊精或麥芽糖等。一天約分泌 500 毫升至 800 毫升的胰液，含有大量的重碳酸氫根離子。重碳酸氫根離子呈弱鹼性，可中和胃中排出的酸性物質。

FILE. 155 內在因子

Intrinsic factor

名稱由來	英語「intrinsic」（內在之意）與「factor」（因素之意）的複合語
主要功能	維生素 B12 的吸收等
相關物質	維生素 B12（氰鈷胺）等
相關部位	小腸等

【胃的內部】

內在因子由胃壁細胞分泌，有助於吸收維生素 B12（氰鈷胺）。

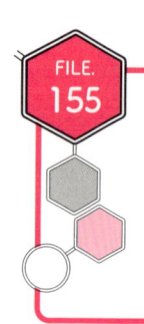

這樣應該會更容易吸收

輸送到小腸的營養

內在因子

維生素 B12

　　內在因子是胃液所含有的物質，用來分解食物。內在因子與維生素 B12（氰鈷胺）結合並在小腸中被吸收，維生素 B12 與紅血球的形成、神經功能的維持和 DNA 合成等有關，因此缺乏維生素 B12 會引發各種症狀。如果內在因子的生產量變少，加上維生素 B12 的吸收停滯，就是導致惡性貧血的原因。因此，內在因子對於維持健康扮演極為重要的角色。

FILE. 156 胃蛋白酶原

pepsinogen

名稱由來	＝分解酵素的胃蛋白酶（pepsin）和代表前體之意的「ogen」複合語
主要功能	＝轉化為胃蛋白酶並成為分解酵素等
相關物質	＝胃蛋白酶、鹽酸等
相關部位	＝胃等

第 7 章 組成其他器官的物質

胃蛋白酶原

我在這邊無法充分發揮作用！

鹽酸

快放我出來，來人啊！

太好了！可以轉化為胃蛋白酶了！

胃蛋白酶原被胃液的胃壁細胞分泌的鹽酸活化為胃蛋白酶。

　　胃蛋白酶原是**構成胃蛋白酶之分解酵素的物質**，胃蛋白酶是由胃黏膜的主要細胞所分泌，被胃液的胃壁細胞所分泌的鹽酸活化為胃蛋白酶，並發揮其功能。此外，胃蛋白酶本身也作用於胃蛋白酶原，促進其活化。有報告指出胃蛋白酶原也與胃癌有關，當胃部的發炎持續較長時間造成胃黏膜萎縮時，血液中胃蛋白酶原的量就會減少，如果這種萎縮持續下去，罹患胃癌的風險就會增加。

解說　感覺系統所扮演的角色與眼球的構造

負責視覺、聽覺等人類五感的器官，稱為**感覺系統**。感覺系統感受到的感覺大致分為**軀體感覺、內臟感覺和特殊感覺**。軀體感覺是指疼痛或溫度等感覺，內臟感覺是指飽足感或便意，特殊感覺是指視覺、聽覺、嗅覺和味覺等，各種特殊感覺都是透過身體的特定部位所感知的。

其中，視覺在感知顏色或光線方面扮演重要的角色。雖然不用特別說明，眼球是視力發揮作用的關鍵。從外側開始，眼球依序由鞏膜、脈絡膜和視網膜三層組織覆蓋。

鞏膜主要由膠原蛋白組成，其表面佈滿淚液，當細小的異物進入眼睛時，鞏膜的功能是發出疼痛感。

脈絡膜富含血管和色素，將葡萄膜分為脈絡膜、睫狀體和虹膜三個部分。睫狀體能**調節眼睛的遠近感**，虹膜調節瞳孔大小。

最後，視網膜具有感知顏色或光線的能力。在分佈於視網膜的感光細胞中，有叫做**視紫質**的物質，是由視黃醛組成的，其功能是感知光線，而名為**視紫藍質**的細胞則可以辨別顏色。

Lesson

眼淚所扮演的各種角色

眼淚不光只會在人悲傷或快樂的時候流出，眼淚對保護眼球扮演極為重要的角色。眼淚是淚腺分泌的淚液，和結膜的分泌液的混合物，從表面開始由油脂層、水液層、黏液素層之薄膜覆蓋組成。眼淚不僅可以保護眼球表面免受外界侵害或防止乾燥，還能將營養輸送至角膜，防止細菌等物質的入侵。

FILE. 157 視紫質

rhodopsin

名稱由來	拉丁文中代表玫瑰色之意的「rhodon」與代表視覺的「opsis」之複合語
主要功能	感知光線等
相關物質	視黃醛、麩胺酸等
相關部位	視網膜等

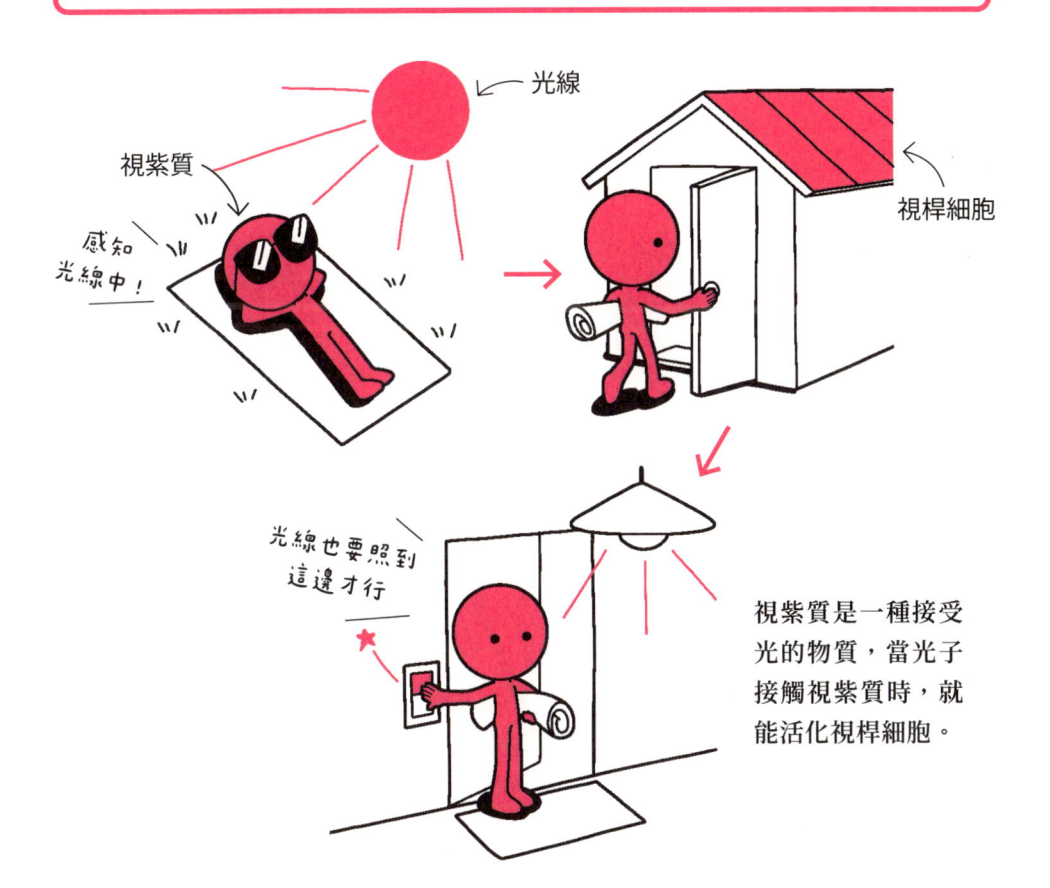

第 7 章 組成其他器官的物質

光線
視紫質
感知光線中！
視桿細胞
光線也要照到這邊才行

視紫質是一種接受光的物質，當光子接觸視紫質時，就能活化視桿細胞。

　　視紫質是在視網膜中感知光線的物質，是由維生素 A1 的視黃醛與視蛋白結合而成的分子。視網膜中的視桿細胞呈細長的圓柱形，其內部鋪滿圓板狀的膜，視紫質存在於其膜中。當暴露在光線下時，視紫質中的視黃醛會發生反應，減少視桿細胞釋放麩胺酸，這樣能活化視桿細胞，並將興奮信號傳輸到感知光線的神經細胞。

175

視紫藍質

FILE. 158

iodopsin

名稱由來	源自拉丁文的「opsis」，為「視覺」之意
主要功能	辨識顏色等
相關物質	視黃醛、視蛋白、視紫質、麩胺酸等
相關部位	視網膜等

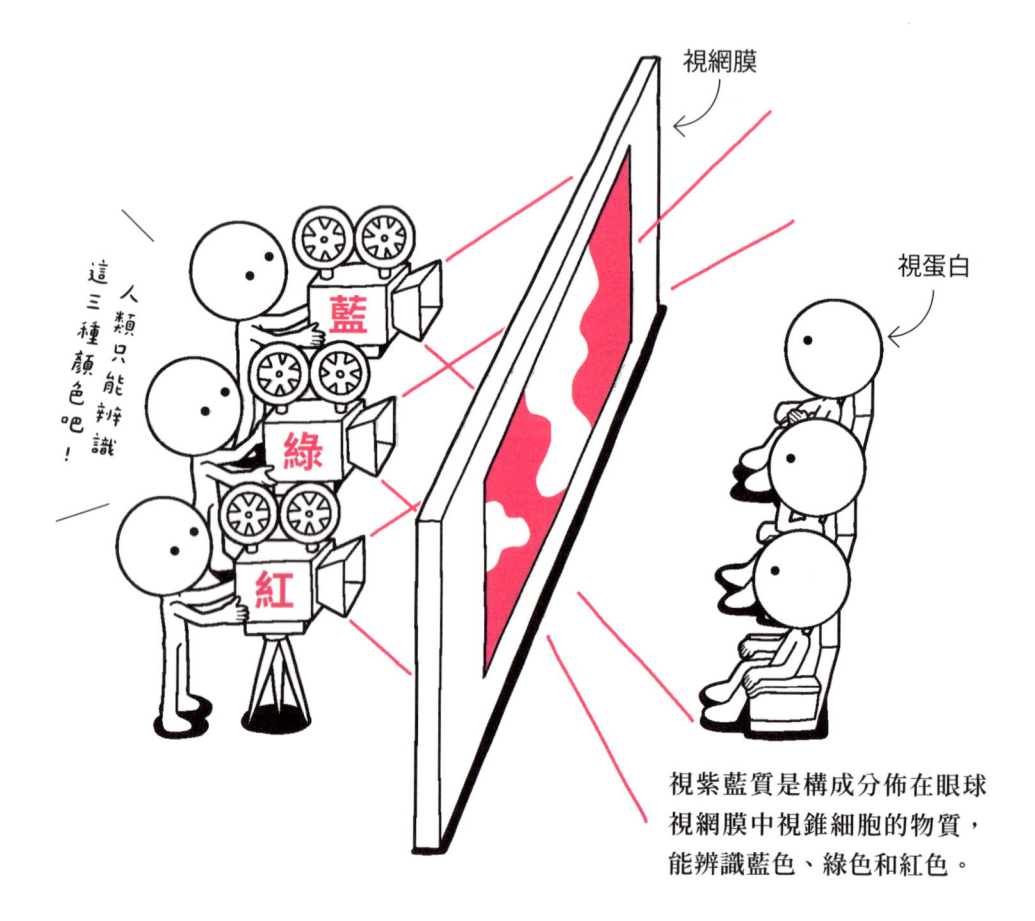

人類只能辨識這三種顏色吧！

藍　綠　紅

視網膜

視蛋白

視紫藍質是構成分佈在眼球視網膜中視錐細胞的物質，能辨識藍色、綠色和紅色。

　　視紫藍質是視網膜中辨識顏色的物質，由視黃醛與視蛋白組成。網狀膜中的視錐細胞呈圓錐形，鋪設許多由膜形成的圓板，視紫藍質存在其中。視蛋白分為吸收藍色、綠色和紅色波長三種，藉此辨識顏色。這三種顏色被稱為「光的三原色」，因此人類能透過三種視蛋白來感知顏色。

第2部
維持身體機能的物質

什麼是激素？

內分泌系統產生的激素在血液中四處移動，
在維持體內恆定方面發揮作用。

⬡ 產生激素的內分泌系統

　　體內產生的物質分為**外分泌**和**內分泌**兩種機制，外分泌是指透過消化等過程將分泌物釋放到內臟與體壁之間的體腔或體外。

　　另一方面，內分泌是透過浸入細胞的組織液，將分泌物分泌到血液中，此內分泌機制所釋放的物質稱為激素。因此，產生激素的器官稱為**內分泌系統**。擁有分泌激素的內分泌腺之主要器官，包括大腦、腎上腺、胰臟和子宮等（請參照右圖）。

⬡ 激素產生的機制及特徵

　　內分泌腺的細胞製造激素，並將激素釋放到血液中循環全身，接著尋找目標細胞，並增強或抑制其功能。

　　激素大致可分為可溶於水的**水溶性激素**，以及可溶於油的**脂溶性激素**。水溶性激素與目標細胞的細胞膜受體結合，活化酵素等物質，引起特定的生理反應。

　　脂溶性激素穿過細胞膜並與細胞核中的受體結合，可讓基因的發現量產生變化，並產生蛋白質。

各器官分泌的主要荷爾蒙

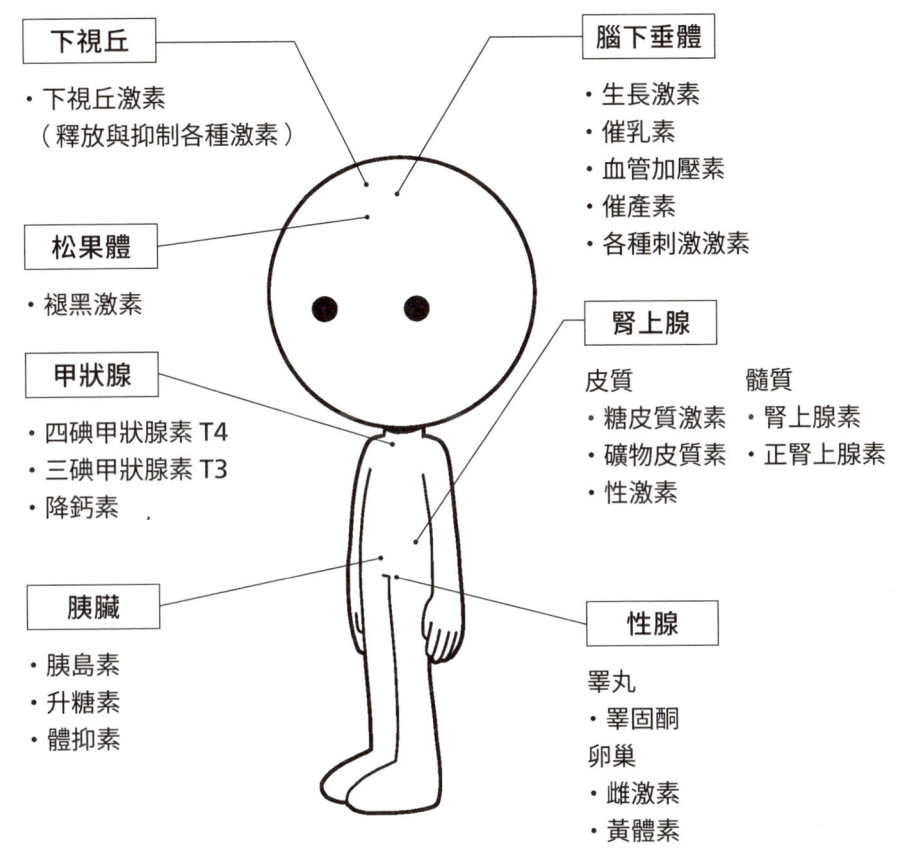

下視丘
- 下視丘激素
（釋放與抑制各種激素）

松果體
- 褪黑激素

甲狀腺
- 四碘甲狀腺素 T4
- 三碘甲狀腺素 T3
- 降鈣素

胰臟
- 胰島素
- 升糖素
- 體抑素

腦下垂體
- 生長激素
- 催乳素
- 血管加壓素
- 催產素
- 各種刺激激素

腎上腺

皮質
- 糖皮質激素
- 礦物皮質素
- 性激素

髓質
- 腎上腺素
- 正腎上腺素

性腺

睪丸
- 睪固酮

卵巢
- 雌激素
- 黃體素

大腦、腎臟和生殖器官是產生激素的主要器官，其他像是消化道或心臟等也會分泌激素，各自具有多樣化的功能。

POINT
▶ 位於特定器官的內分泌腺釋放激素
▶ 激素會增強或抑制特定細胞的機能
▶ 激素分為脂溶性激素與水溶性激素

三種激素與其構造

除有水溶性和脂溶性,激素依照基本結構還可分為**肽類激素、類固醇激素和胺類激素**。

肽類激素如同胰島素或生長激素,是由數個到 100 個以下的胺基酸連結而成。以糖皮質激素為代表的類固醇激素,是以膽固醇為生產原料。胺類激素是胺基酸引起化學反應所產生,包括多巴胺和甲狀腺激素等。

三種激素的代表例子

種類	基本構造	代表激素
肽類激素	連接胺基酸	胰島素、生長激素、升糖素、催產素等
類固醇激素	膽固醇	性激素、糖皮質激素、礦物皮質素等
胺類激素	胺基酸衍生物	多巴胺、甲狀腺激素、血清素、褪黑激素等

調節荷爾蒙分泌的身體機能

血液中的激素濃度無論過剩或不足,都會影響健康。因此,體內有調節荷爾蒙分泌的功能,以維持體內恆定的濃度。包括各種激素與血中物質(離子)等,皆帶有調節的作用。此外,在胰臟等器官中,激素濃度也會受到神經的調節。

調節血糖值等功能

激素與神經系統相互合作，以保持血糖值或血鈣恆定濃度。例如，正常的血糖值約為 100mg/dl，並受到胰島素、升糖素或糖皮質激素調節。其中，**胰島素是唯一能降低血糖值的激素**。

此外，生物體內含量最高的**鈣離子**，通常維持在每 1 分升血清中為 10 毫克左右。鈣離子受骨骼、小腸、腎臟等部位調節，而副甲狀腺素、降鈣素、維生素 D 等在此過程中會發揮功能。

具抗壓功能！

激素在壓力反應中也扮演重要的角色，造成壓力的因素稱為壓力源，從壓力源傳出的訊息會傳遞到大腦的下視丘，下視丘會根據該資訊對神經或內分泌系統發出對抗的指令。這時候，各種激素對壓力會產生各種反應。

例如，當人在感到恐懼時，腎上腺髓質會分泌腎上腺素或正腎上腺素，從而導致身體緊張。因此，激素的平衡對於抗壓十分重要。

POINT
- ▸ 激素依其構造分為三種
- ▸ 激素與離子等物質共同產生作用
- ▸ 激素對控制血糖值或壓力反應產生作用

第 2 部　維持身體機能的物質

第 1 章

腦 × 激素

下視丘和腦下垂體是大腦中產生激素的代表器官，
下視丘可調節人體體溫，
是管理壓力反應的領導者；
腦下垂體受其控制。
以下要來了解這兩種器官的功能。

INTRODUCTION

產生激素的下視丘和腦下垂體

　　大腦分為各種部位，但下視丘和腦下垂體是生產激素最為知名的器官。
　　下視丘位於大腦與小腦之間的間腦，間腦具有傳遞感覺訊息或調節自律神經系統功能的機制。下視丘範圍狹小僅約 4 公克，宛如豌豆的大小；但它同時具有神經細胞和內分泌細胞的特性。
　　腦下垂體呈現從下視丘垂下的形狀，並分泌各種激素。

下視丘是分泌激素的指揮中心

下視丘就像是分泌激素的指揮中心，負責管理和控制體內體溫調節、進食、性行為和壓力反應等維持體內恆定的系統。

下視丘產生的激素，主要會對腦下垂體產生的生長激素或催乳素發出釋放的指令，而腦下垂體始終處於下視丘的管理之下。

腦下垂體中常見與生長相關的激素

位於腦下垂體前部的腦下垂體前葉分泌六種激素，其中促甲狀腺激素、促腎上腺皮質激素、濾泡激素、黃體成長激素會刺激特定的內分泌腺，促進其他激素的分泌。另外，還會產生促進發育期成長的生長激素，或是促進女性乳腺發育的催乳素等。

另一方面，腦下垂體後葉會分泌抗利尿激素和催產素。當血漿滲透壓升高時，抗利尿激素的分泌增多，促進腎臟再吸收水分。催產素特別會在分娩和哺乳期間分泌，並促進子宮收縮運動。當嬰兒吸吮乳頭時，體內會反射性地分泌催產素（噴乳反射）。

POINT
- ▶ 下視丘和腦下垂體是腦內生產激素的代表性器官
- ▶ 下視丘負責管理腦下垂體所產生的激素
- ▶ 腦下垂體產生許多與生長有關的激素

FILE. 159 生長激素

growth hormone

名 稱 由 來	因為是與生長密切相關的激素
主 要 功 能	促進兒童生長、分解肝糖等
相 關 物 質	肝糖、體介素等
相 關 部 位	骨骼、肝臟、腎臟等

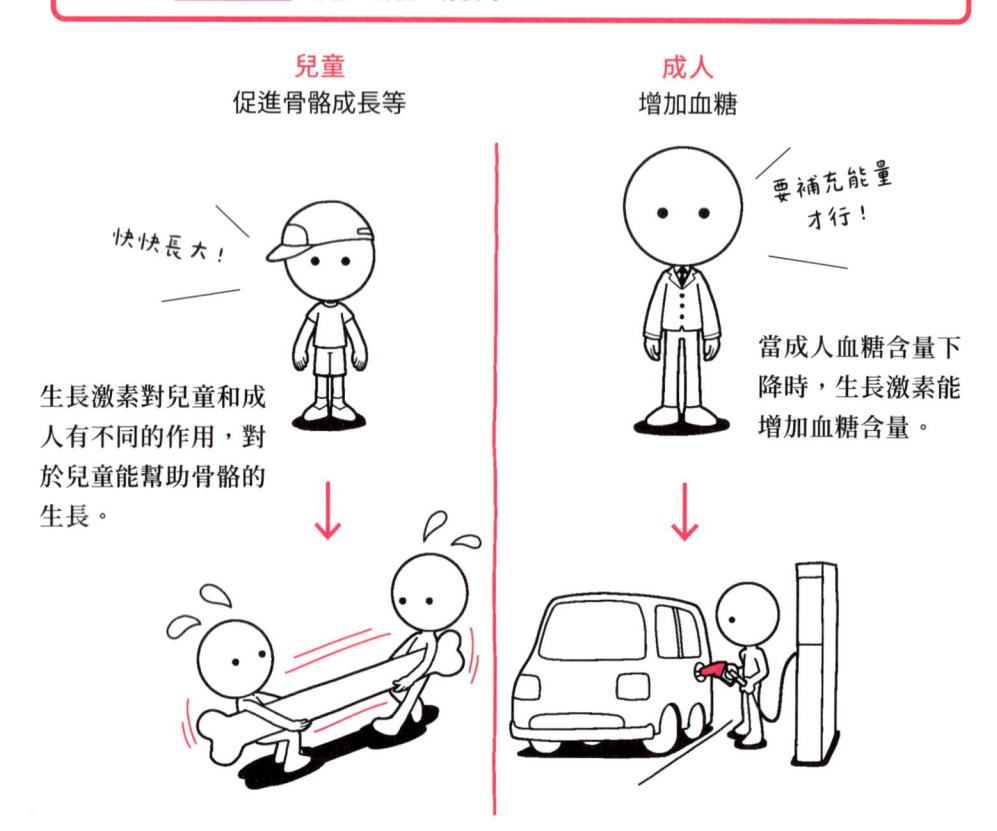

兒童
促進骨骼成長等

快快長大！

生長激素對兒童和成人有不同的作用，對於兒童能幫助骨骼的生長。

成人
增加血糖

要補充能量才行！

當成人血糖含量下降時，生長激素能增加血糖含量。

　　顧名思義，生長激素是<u>與人體生長有關的激素</u>，當生長激素對正處發育期間的兒童產生作用時，名為體介素的激素會一起產生作用，促進肝臟、腎臟和軟骨的生長。在成人的體內，當血糖含量降低時，生長激素的分泌量增加，具有<u>分解累積的肝糖與增加血糖含量</u>的功能。在一日生活之中，生長激素的分泌量也有所不同，在吃過晚餐後會上升，4 至 5 個小時後下降。

類別 肽類激素

FILE. 160 催乳素

prolactin

名稱由來	源自希臘文的「lact」，為「乳汁」之意
主要功能	乳汁的合成與分泌等
相關物質	下視丘激素、多巴胺等
相關部位	乳頭、子宮、乳腺等

催乳素

分泌出大量的乳汁

今天要分泌很多乳汁喔！

催乳素作用於乳腺，能促進乳汁的合成和分泌。在哺乳期間，分泌量會比正常多 10 至 20 倍。

　　催乳素又稱泌乳激素，作用於乳腺，能促進**乳汁的合成和分泌**。哺乳期間的女性，乳汁的分泌量會增加到正常量的 10 至 20 倍。在睡眠期間，催乳素的分泌量也會增加，男性血液中的催乳素含量也與非懷孕期間的女性相同。**下視丘激素會促進催乳素的分泌**，而多巴胺則是有抑制分泌的作用。據研究報告指出，當兒童在吸吮乳頭時，催乳素的分泌量也會增加。

類別　肽類激素

解說 下視丘激素

下視丘透過腦下垂體促進各種激素的分泌，在這個過程中所運用的激素稱為下視丘激素。下視丘激素控制腦下垂體、甲狀腺、腎上腺和性腺的激素分泌。

腦下垂體從下視丘垂下，持續從下視丘獲得血液供應。腦下垂體的前葉、中葉和後葉在組織學上的構造不同，前葉與中葉會直接受到下視丘的影響。

此外，下視丘產生的部分激素，會從腦下垂體後葉的毛細血管分泌腦下垂體激素，也就是抗利尿激素和催產素，此兩種激素與前葉、中葉激素不同，不會受到下視丘激素的直接影響。

□ 腦下垂體前葉、中葉激素與下視丘激素的關係

腦下垂體激素	下視丘激素	
	釋放激素	抑制激素
生長激素	生長素釋放激素	生長素抑制激素（體抑素）
催乳素	催乳素釋放激素	催乳素抑制激素
促甲狀腺激素	甲狀腺促素釋放激素	—
促腎上腺皮質素	促腎上腺皮質素釋放激素	
黃體成長激素	促性腺激素釋放激素	—
濾泡刺激素		—
黑色素細胞刺激素	黑色素細胞刺激素釋放激素	黑色素細胞刺激素抑制激素

※ 透過下視丘激素釋放與抑制的腦下垂體激素列表

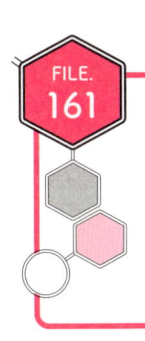

FILE. 161 腦內啡

endorphin

- **名稱由來** = 英文「內側」之意的「endo」，與嗎啡（morphine）的複合語
- **主要功能** = 鎮痛效果、情緒高昂等
- **相關物質** = 嗎啡、類鴉片等
- **相關部位** = 腦、脊髓等

　　腦內啡是被稱為腦麻醉劑的激素之一，與嗎啡一樣是屬於具產生鎮痛效果的類鴉片。腦內啡分為 α、β、γ 型，其中以 β 型的作用最強。一般所稱的腦內啡，大多指的是 β-腦內啡。腦內啡可抑制將疼痛傳遞到大腦的功能，讓人感到情緒高昂或是幸福感。如果身體疼痛持續較長的時間，內啡肽的分泌量可能會增加。

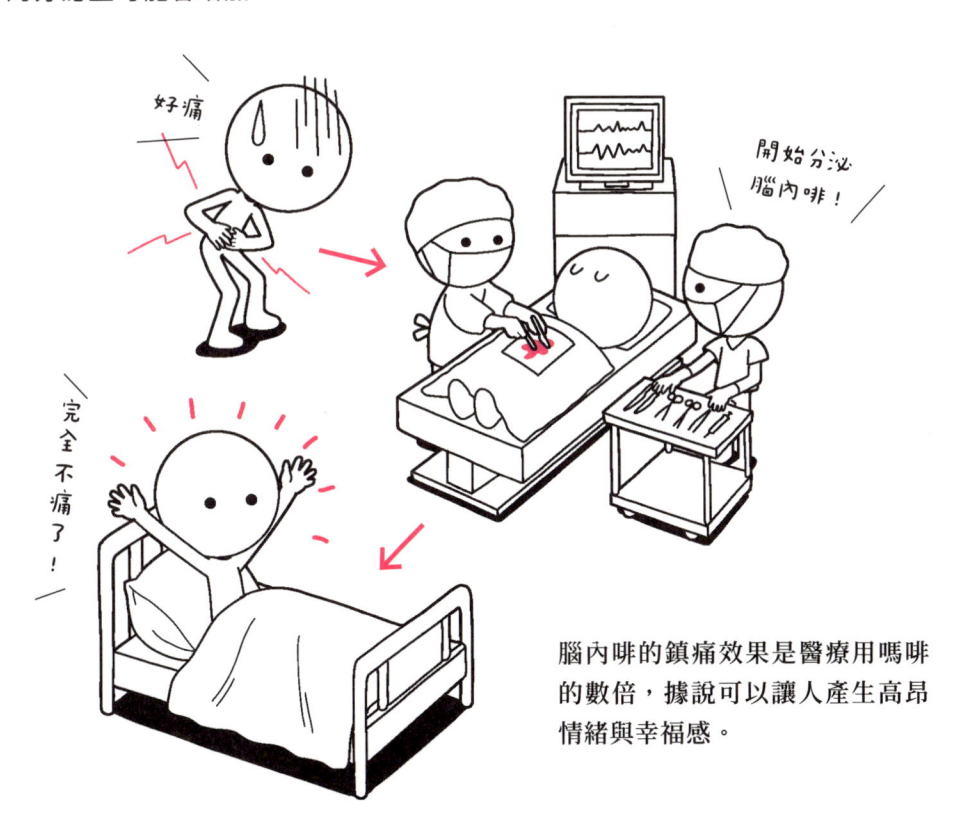

腦內啡的鎮痛效果是醫療用嗎啡的數倍，據說可以讓人產生高昂情緒與幸福感。

類別 肽類激素

FILE. 162 腦啡肽

enkephalin

名稱由來	= 源自希臘文的「kaphale」，為「在腦中」之意
主要功能	= 鎮痛效果、情緒高昂等
相關物質	= 腦內啡、前腦啡肽原 A、B 等
相關部位	= 腦、腎上腺髓質等

腦啡肽具有與腦內啡相同的鎮痛和增強情緒的作用，且成癮性較低。

　　腦啡肽與腦內啡同為具有鎮痛效果的激素，並根據 C 末端是甲硫胺酸或白胺酸分為不同的種類。跟嗎啡或腦內啡相比，雖然腦啡肽的鎮痛效果較弱，但成癮性也較低，因此被運用於藥物的領域。前腦啡肽原 A、B 等為腦內啡的前體，作為神經傳導物質產生作用。

類別：肽類激素

FILE. 163 血管加壓素

vasopressin

名稱由來	為導管（vaso）與壓迫之意的「press」複合語
主要功能	再次吸收水分、收縮血管平滑肌、血壓升高等
相關物質	鈉、前激素原等
相關部位	腦下垂體、腎臟等

血管加壓素又稱為抗利尿激素，具有減少尿量的作用，會在半夜增加分泌量。最初是從名為前激素原的物質，在腦下垂體中轉化為血管加壓素。血管加壓素對腎臟產生作用，可增加水分滲透性，並提升再次吸收水分的作用。此外，血管加壓素還具有收縮血管平滑肌的作用，最終造成血壓上升。

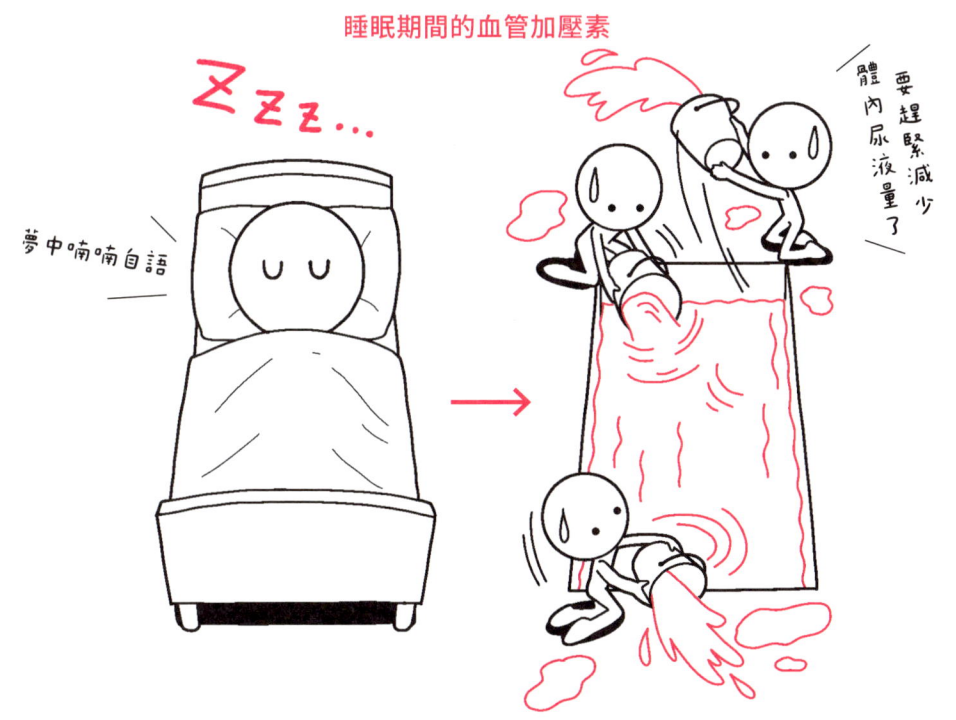

睡眠期間的血管加壓素

（夢中喃喃自語）
ZZz...

（要趕緊減少體內尿液量了）

血管加壓素對腎臟產生作用，能提升水分的再次吸收，缺乏會導致尿量增加。每到深夜，血管加壓素的分泌會增加。

類別	肽類激素

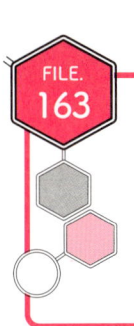

第1章 腦 × 激素

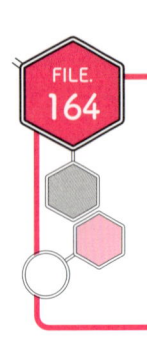

FILE. 164 催產素

oxytocin

名　稱　由　來	= 源自希臘文的「okytokos」，為「快速」之意
主　要　功　能	= 加速分娩、推出剩餘胎盤等
相　關　物　質	= 雌激素等
相　關　部　位	= 乳頭、子宮、乳腺等

催產素又稱子宮收縮素，具有收縮子宮、強化分娩的作用。即使在分娩時也會分泌催產素，具有將分娩後殘留的胎盤推出的功能。在胎兒頭部經由子宮頸進入產道的刺激之下，也會提高催產素的分泌。除了子宮肌的刺激，嬰兒吸吮乳頭時也會促進催產素的分泌，造成乳腺收縮並排出乳汁。

催產素在懷孕和分娩中發揮多種作用。

近年來有關於催產素對減輕壓力的作用等研究正在進行中，也有望用於研發治療精神疾病的藥物。

類別	肽類激素

解說　調節激素的分泌

調節激素分泌的系統包括①**各類激素**②**離子或化學物質**③**神經**④**機械性刺激四種**。

最常見的是①透過**各類激素**的調節，具代表性的例子是發出釋放激素指令的下視丘激素，下視丘激素指示腦下垂體分泌其他激素，然後通過血管輸送到末梢組織，作用於目標器官或細胞。

此外，荷爾蒙分泌也受到血中②**離子或化學物質**濃度變化而調節。例如，當血中的鈣濃度降低時，副甲狀腺就會分泌副甲狀腺素。此系統也會分泌降鈣素、胰島素和升糖素等激素。

透過③**神經**調節激素分泌時，自律神經系統是主要的運作機制。當交感神經系統因壓力等而產生作用時，腎上腺髓質會受到刺激而分泌腎上腺素等物質。

④**機械性刺激**是由於受到心臟或血管伸縮的刺激，而反射性分泌激素的系統，包括心房利尿鈉肽、胃泌素、腎素等。

▢ 分泌激素的系統例子

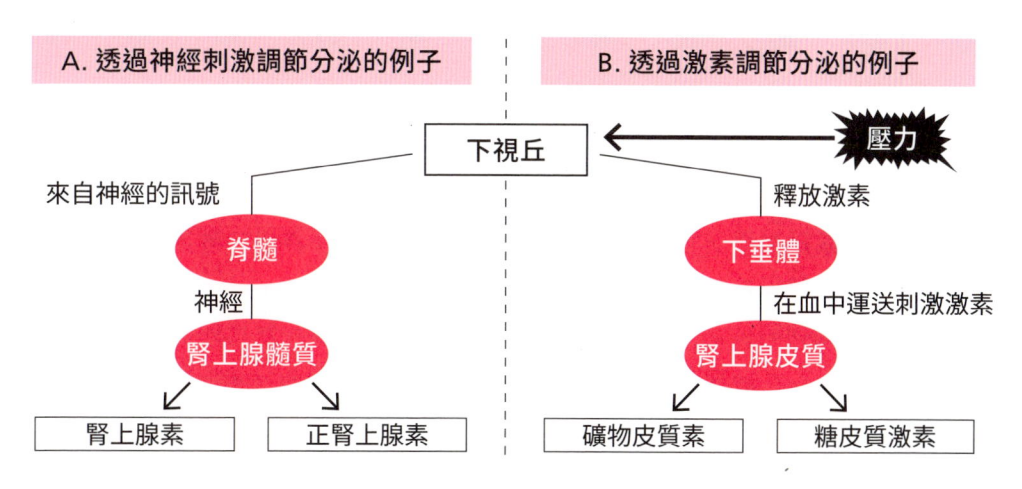

A. 透過神經刺激調節分泌的例子

來自神經的訊號 → 脊髓 → 神經 → 腎上腺髓質 → 腎上腺素、正腎上腺素

B. 透過激素調節分泌的例子

壓力 → 下視丘 → 釋放激素 → 下垂體 → 在血中運送刺激激素 → 腎上腺皮質 → 礦物皮質素、糖皮質激素

在透過神經分泌的情況下，會經由脊髓將訊號傳遞到末梢組織。另一方面，在透過激素分泌的情況下，是在血液中運輸激素。

FILE. 165 瘦體素

leptin

名稱由來	源自希臘文的「leptos」，為「瘦身」之意
主要功能	抑制食慾、增強能量代謝等
相關物質	中性脂肪（三酸甘油酯）等
相關部位	脂肪組織、下視丘等

中性脂肪

我吃飯速度很快，而且食量很大！

瘦體素會刺激下視丘的飽足感中樞，抑制食慾，活化代謝並促進能量消耗。

瘦體素

嘿咻嘿咻

要好好消耗能量喔

瘦體素

　　瘦體素是從脂肪組織所分泌，並透過下視丘發揮作用的激素，主要反映身體的營養狀況或體脂肪，並在血液中循環以**刺激飽足中樞**，能讓人產生飽足感，藉此抑制食慾。此外，由於瘦體素還具有增強能量代謝的作用，能幫助**減少體脂肪**。通常在飯後的 20 至 30 分鐘起，瘦體素分泌增加，因此進食速度過快，被認為有害身體健康的原因之一。瘦體素減少會導致血壓升高，以及中性脂肪增加等症狀。

類別 肽類激素

FILE. 166 褪黑激素

melatonin

名稱由來	＝ 源自英文的「melanophore」，為黑素細胞之意
主要功能	＝ 調節生理時鐘、催眠作用等
相關物質	＝ 色胺酸、血清素等
相關部位	＝ 松果體、視網膜等

第 1 章　腦 × 激素

夜晚
褪黑激素↑
血清素↓

ZZZ...
晚安

白天
褪黑激素↓
血清素↑

進行日常活動

褪黑激素由血清素合成，並在夜晚大量分泌以誘導睡眠。
透過與血清素的相互作用，以調節睡眠和清醒的節奏

　　瘦體是從脂肪組織所分泌，並透過下視丘發揮作用的激素，主要反映身體的營養狀況或體脂肪，並在血液中循環以<u>刺激飽足中樞</u>，能讓人產生飽足感，藉此抑制食慾。此外，由於瘦體還具有增強能量代謝的作用，能幫助<u>減少體脂肪</u>。通常在飯後的 20 至 30 分鐘起，瘦體分泌增加，因此進食速度過快，被認為有害身體健康的原因之一。瘦體減少會導致血壓升高，以及中性脂肪增加等症狀。

| 類別 | 胺類激素 |

193

FILE. 167 血清素

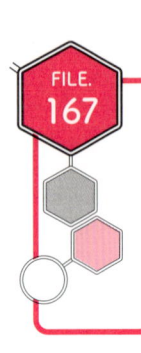

serotonin

名 稱 由 來	源自英文的「sero」（血清之意）與「tone」（緊張之意）的複合語
主 要 功 能	調節晝夜節律、調節激素分泌等
相 關 物 質	色胺酸、褪黑激素、多巴胺、正腎上腺素等
相 關 部 位	松果體、視網膜等

　　血清素是由色胺酸產生的腦內神經傳導物質之一，也是褪黑激素的原料，與褪黑激素的共同作用下調節生理時鐘。此外，血清素也會控制興奮物質之一的**多巴胺或正腎上腺素的分泌**，達到鎮靜的作用。當血清素降低時，多巴胺等物質的控制就會變得不穩定，**引發憂鬱或恐慌等症狀**。近年來，有人指出血清素與更年期障礙有關，正在進行相關研究。

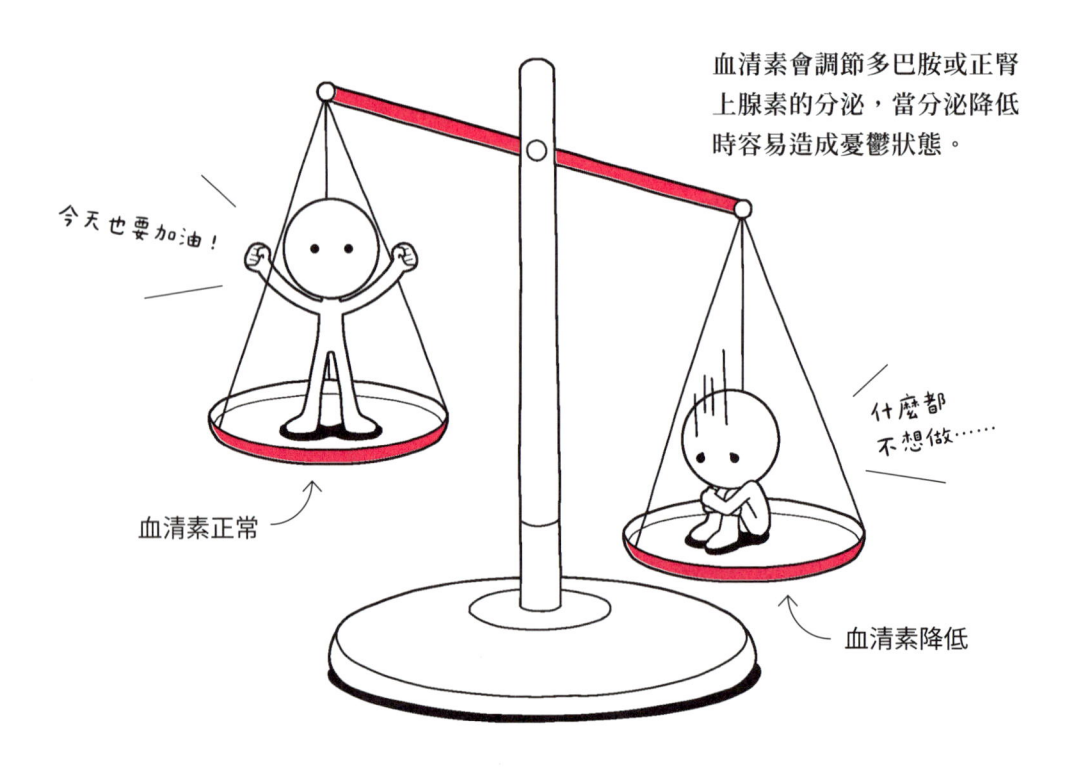

血清素會調節多巴胺或正腎上腺素的分泌，當分泌降低時容易造成憂鬱狀態。

今天也要加油！

血清素正常

什麼都不想做……

血清素降低

類別　胺類激素

FILE. 168 多巴胺

dopamine

- **名稱由來** = 成為原料之意的「dopa」與胺（amine）的複合語
- **主要功能** = 調節感覺愉悅的犒賞系統、運動功能等
- **相關物質** = 酪胺酸、兒茶酚胺等
- **相關部位** = 腦、神經系統等

第1章 腦 × 激素

多巴胺是由酪胺酸合成的神經傳導物質之一，在大腦的獎勵系統中發揮核心作用，讓人感到愉悅。例如，當發生比心中預期更大的獎勵時，多巴胺就會受到活化；反之其活動就會受到抑制。此外，多巴胺還具有調節運動功能的作用，有研究報告指出當腦中的多巴胺減少時，會導致帕金森氏症發病；也有報告指出酒精具有活化多巴胺的效果。

喝酒後……

乾杯！

多巴胺的活性不佳時……

呼～好累

在喝酒的時候，多巴胺會變得活躍；當多巴胺分泌量下降時，情緒容易感到低落。

類別 胺類激素

195

FILE. 169 腺苷

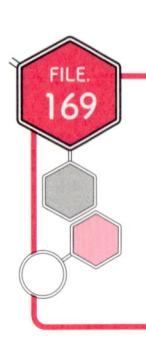

adenosine

名稱由來	源自化合物腺嘌呤（adenine）
主要功能	DNA 與 RNA、ATP 等的組成、血管的舒張等
相關物質	細胞激素、組織胺等
相關部位	腦、神經系統等

腺苷在傳遞遺傳訊息方面發揮重要作用，從體內各處分泌。

我會好好保管的！

收下基因吧

媽媽　爸爸　小孩　爺爺　腺苷

　　腺苷是構成能量來源 ATP、DNA 與 RNA 的激素，在傳達資訊方面發揮重要的作用。腺苷在體內可發揮多種生理功能，代表性的例子是鬆弛血管中的平滑肌，以及抑制免疫系統中細胞激素的產生等。特別是在中樞神經系統中，當身體檢測到疲勞時，腺苷會抑制清醒時分泌的組織胺並產生睡意，具有**鎮靜和催眠的作用**。腺苷被認為並不屬於激素三種分類中的任何一種，而是作為核苷構成核酸的鹽基部分。

第 2 部　維持身體機能的物質

第2章

甲狀腺 × 激素

喉嚨裡的甲狀腺由眾多的濾泡組成，
分泌甲狀腺激素和降鈣素兩種激素，
有助於能量代謝或形成骨骼，
是人類生長所不可或缺的激素，
無論是對兒童或老年人來說都相當重要。

INTRODUCTION

甲狀腺的結構和產生的激素

　　甲狀腺是位於喉嚨的蝶狀的器官，其重量約為 15 克 ~20 克，尺寸約 3~5 公分。甲狀腺由許多稱為濾泡的球形囊組成，這些球形囊儲存著主要成分為甲狀腺球蛋白的膠體。

　　此濾泡壁是由濾泡上皮細胞組成，由一層濾泡上皮細胞與膠狀物質產生激素，這種激素就是甲狀腺激素。此外，位於濾泡外側的濾泡旁細胞，也會分泌名為降鈣素的激素。

進行能量代謝的甲狀腺激素

　　甲狀腺激素是以體內的所有細胞為目標，調節能量代謝，甲狀腺激素的產生量由腦下垂體中的促甲狀腺激素所調節。甲狀腺激素在兒童的生長過程中也扮演重要的角色，在成長的過程中，若長期缺乏甲狀腺激素時，會引發伴隨身高矮小或智能不足之先天性甲狀腺機能低下症。

　　甲狀腺激素的產生量受到腦下垂體中的促甲狀腺激素調節。

降鈣素有助於骨骼的形成

　　降鈣素是甲狀腺所分泌的另一種激素，也許從名稱可以想像其功能，降鈣素與血液中的鈣密切相關，可抑制血中鈣濃度上升與骨骼釋放鈣，幫助骨骼的形成。老年人的降鈣素分泌減少，被認為是造成骨質疏鬆症的原因之一。

副甲狀腺也會分泌激素

　　副甲狀腺位於位於甲狀腺背面，是由上、下、左、右四個米粒大小的器官所組成。副甲狀腺的主細胞分泌副甲狀腺素。

POINT
- ▶ 甲狀腺激素有助於能量代謝或生長
- ▶ 降鈣素能促進骨骼的形成
- ▶ 副甲狀腺分泌副甲狀腺素

FILE. 170 甲狀腺激素

thyroid hormone

名稱由來	因為從甲狀腺分泌而得名
主要功能	體溫上升、活化細胞、基礎代謝亢進等
相關物質	四碘甲狀腺素 T4、三碘甲狀腺素 T3
相關部位	甲狀腺、胃等

第2章 甲狀腺 × 激素

甲狀腺激素包括含有四個碘的四碘甲狀腺素 T4，和含有三個碘的三碘甲狀腺素 T3，具有升高體溫的作用。

碘

三碘甲狀腺素 T3

四碘甲狀腺素 T4

溫度如何呢？

感覺變熱了

四碘甲狀腺素 T4 由甲狀腺分泌，**含有四個碘的稱為四碘甲狀腺素 T4，含有三個碘的則稱為三碘甲狀腺素 T3**，兩者都對細胞產生作用，具有**加速能量代謝、升高體溫**的作用。在胃中，四碘甲狀腺素 T4 會增進細胞代謝，增加蛋白質分解量，並增加尿液中的氮，其他還有降低血中膽固醇，與促進兒童骨骼或神經成長等多樣化功能。

類別	胺類激素

FILE. 171 降鈣素

calcitonin

- **名稱由來** = 源自鈣（calcium）
- **主要功能** = 降低血鈣濃度，促進鉀、磷酸的排出等
- **相關物質** = 鈣、鉀、磷等
- **相關部位** = 甲狀腺、腎臟等

鈣

降鈣素

不能逃跑喔！

降鈣素可抑制骨骼釋放鈣，並促進骨骼的形成。

　　降鈣素具有抑制破骨細胞破壞骨骼的功能，是**阻礙骨骼釋放鈣**的激素。此外，降鈣素還可以阻礙消化道中對於鈣的吸收，在腎臟中可促進排出鉀或磷酸，結果讓血液中的鈣、磷和鉀的含量減少。當引發腎臟病的血鈣濃度上升時，會分泌大量降鈣素，它與副甲狀腺素具有相反的作用（拮抗作用）。

類別 肽類激素

FILE. 172 副甲狀腺素

parathormone

- **名稱由來** ＝ 源自副甲狀腺激素（parathyroid hormone）
- **主要功能** ＝ 血鈣濃度上升等
- **相關物質** ＝ 鈣、維生素 D 等
- **相關部位** ＝ 副甲狀腺、腎臟等

第 2 章　甲狀腺 × 激素

　　副甲狀腺素也稱為副甲狀激素或甲狀旁腺激素，代表性作用是讓血鈣濃度上升，其機制是先間接性刺激破骨細胞火骨細胞以釋放鈣，並作用於腎臟，促進腎小管對鈣的再吸收。副甲狀腺素可促進排出水分，增加血鈣。此外，它還能在腎臟中活化維生素 D，促進鈣的吸收。

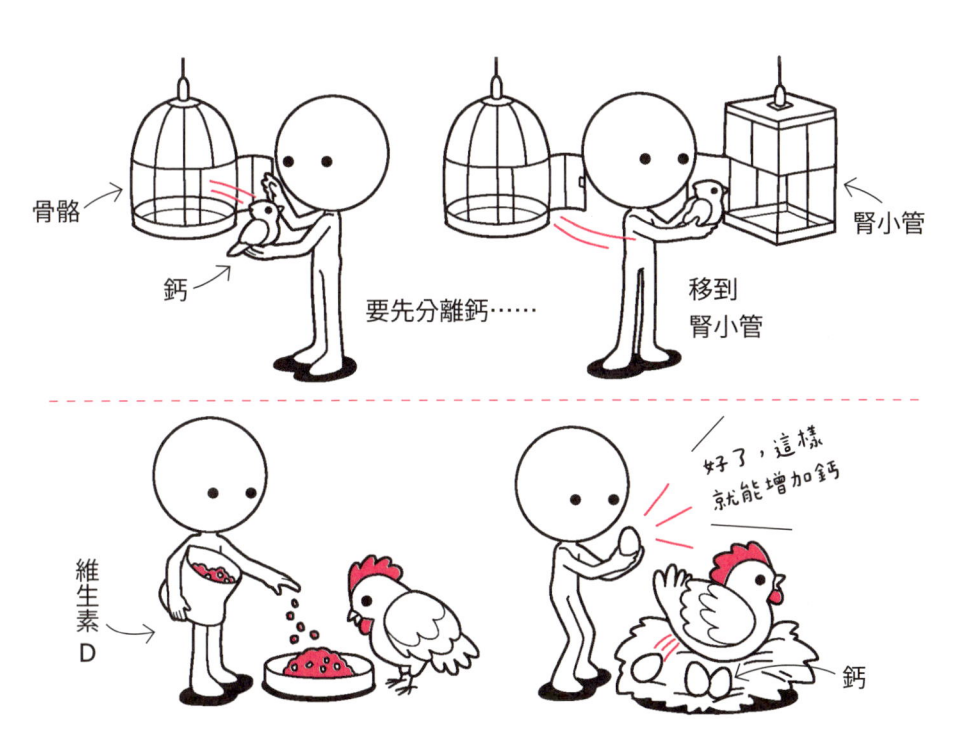

骨骼　鈣　要先分離鈣……　移到腎小管　腎小管

維生素 D　好了，這樣就能增加鈣　鈣

副甲狀腺素與降鈣素相反，能從骨骼中釋放鈣，還會增加血鈣的濃度。

類別　肽類激素

第 2 部　維持身體機能的物質

第 3 章

腎上腺皮質、髓質×激素

腎臟中的腎上腺分為皮質和髓質，
各自產生多種激素。
腎上腺皮質分泌類固醇激素，
有助於提高血糖值或產生尿液。
在腎上腺髓質中，
腎上腺素和正腎上腺素與調節心率或血壓有關。

INTRODUCTION

構造有所不同的皮質和髓質

　　腎上腺位於左右腎臟的上方，分為腎上腺皮質和腎上腺髓質兩種不同構造的區域。
　　腎上腺皮質具有三層結構，包括球狀帶、束狀帶和網狀帶，分別產生與分泌類固醇激素。代表性的激素包括糖皮質激素、礦物皮質素與性激素。
　　另一方面，腎上腺髓質含有髓質細胞，分泌腎上腺素和正腎上腺素等興奮物質。

膽固醇是腎上腺皮質激素的原料

　　腎上腺皮質分泌的糖皮質激素、礦物皮質素與性激素，都是**以膽固醇為原料**，這些皆為各種激素的總稱。

　　糖皮質激素包括**皮質醇**和皮質酮，但前者對人體具有更強的生理活性，主要用於糖質新生，促進血糖值上升或細胞代謝。

　　礦物皮質素的主要成分是醛固酮，與尿液的產生有關，能促進**鈉離子的再次吸收和排泄鉀離子**。

　　腎上腺皮質分泌的性激素，大多為雄性激素，又稱男性荷爾蒙，無論男性和女性都會分泌。

腎上腺素和正腎上腺素的區別

　　腎上腺髓質分泌又稱為**兒茶酚胺**的腎上腺素和正腎上腺素，兩種具有相似的特性；但腎上腺素幫助增加心率或肝臟分解肝糖。正腎上腺素會透過收縮血管平滑肌來升高血壓，兩種的共同特徵是作用迅速。

POINT

- 腎上腺位於腎臟上方，由皮質和髓質組成
- 腎上腺皮質分泌三種類固醇激素
- 腎上腺髓質分泌腎上腺素與正腎上腺素

FILE. 173 糖皮質激素
glucocorticoid

名稱由來	與葡萄糖代謝相關的腎上腺皮質激素（corticoid）之意
主要功能	血糖值上升、糖質新生、抑制發炎等
相關物質	皮質醇、皮質酮等
相關部位	腎上腺、腎臟等

糖皮質激素是腎上腺皮質分泌的類固醇激素，包含皮質醇和皮質酮兩種物質，在血液中的比例為 7：1。糖皮質激素在體內存在廣泛的功能，但最具代表性的是從丙酮酸產生葡萄糖的糖質新生。糖皮質激素在肌肉或末梢組織抑制胺基酸的攝取，並促進蛋白質分解，增加血液中的胺基酸，將胺基酸運用於肝臟中的糖質新生。

糖皮質激素可促進血糖上升與細胞代謝，提高身體的抗壓力。此外，也具有抑制發炎的作用。

類別 類固醇激素

FILE. 174 礦物皮質素

mineralocorticoid

名 稱 由 來	作用於礦物質（mineral）的腎上腺皮質激素（corticord）之意
主 要 功 能	控制與調節鈉與鉀等
相 關 物 質	醛固酮、鈉、腎素等
相 關 部 位	腎上腺、腎臟等

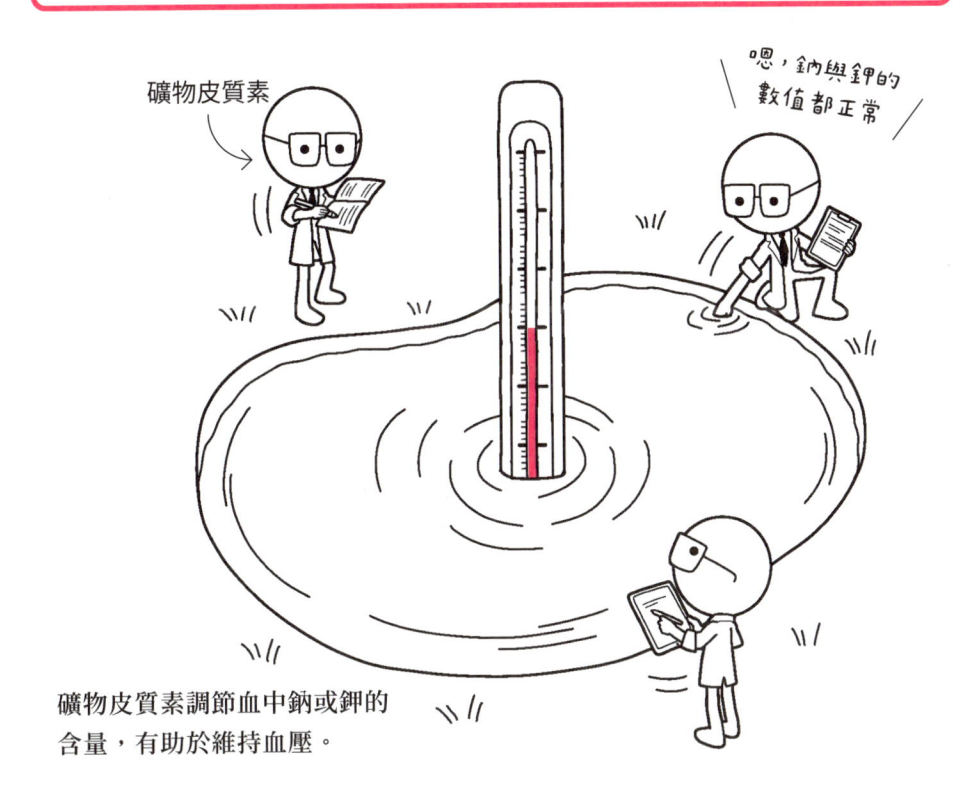

第 3 章　腎上腺皮質、髓質 × 激素

礦物皮質素

嗯，鈉與鉀的數值都正常

礦物皮質素調節血中鈉或鉀的含量，有助於維持血壓。

　　腎上腺皮質分泌的類固醇激素中，**醛固酮**為代表性物質，主要作用是控制礦物質的**鈉或鉀的含量**。例如，當血液中的鈉減少時，腎臟會分泌腎素，可刺激血液中血管收縮素的產生，和腎上腺皮質中醛固酮的分泌，減少尿液中的鈉並促進鉀的排泄，有助於維持血中鈉含量。

類別	類固醇激素

205

FILE. 175 性激素

sex steroid hormone

- **名稱由來** ＝ 源自於與男女的生殖功能有關
- **主要功能** ＝ 長出鬍子等
- **相關物質** ＝ 脫氫表雄酮、雄烯二酮等
- **相關部位** ＝ 腎上腺、皮膚等

當女性感受壓力時……

壓力

壓力

壓力

居然長出鬍子了！

女性因壓力也會分泌脫氫表雄酮，對於鬍鬚生長等產生影響。

性激素是與男性和女性生殖功能有關的類固醇荷爾蒙總稱，腎上腺皮質分泌的主要激素為**脫氫表雄酮**或**雄烯二酮**等雄性激素，這些激素也會對女性產生作用。跟睪丸分泌的睪固酮（P.216）相比，雖然這些雄性激素只有 1/5 左右的活性，但有時候會導致女性長出鬍子。

類別 類固醇荷爾蒙

FILE. 176 腎上腺素

adrenaline

名 稱 由 來	英語為「腎上腺」之意
主 要 功 能	心率或血壓上升等
相 關 物 質	酪胺酸、多巴胺、正腎上腺素等
相 關 部 位	腎上腺髓質、心臟等

與正腎上腺素相同，腎上腺素也是腎上腺髓質分泌的激素之一，是從酪胺酸經過多巴胺或正腎上腺素合成。當交感神經受到刺激時，腎上腺髓質激素會增加分泌，主要作用是**心跳加速與血壓升高**等。當腎上腺素發揮作用時，人會處於興奮狀態，身體機能也會增強。

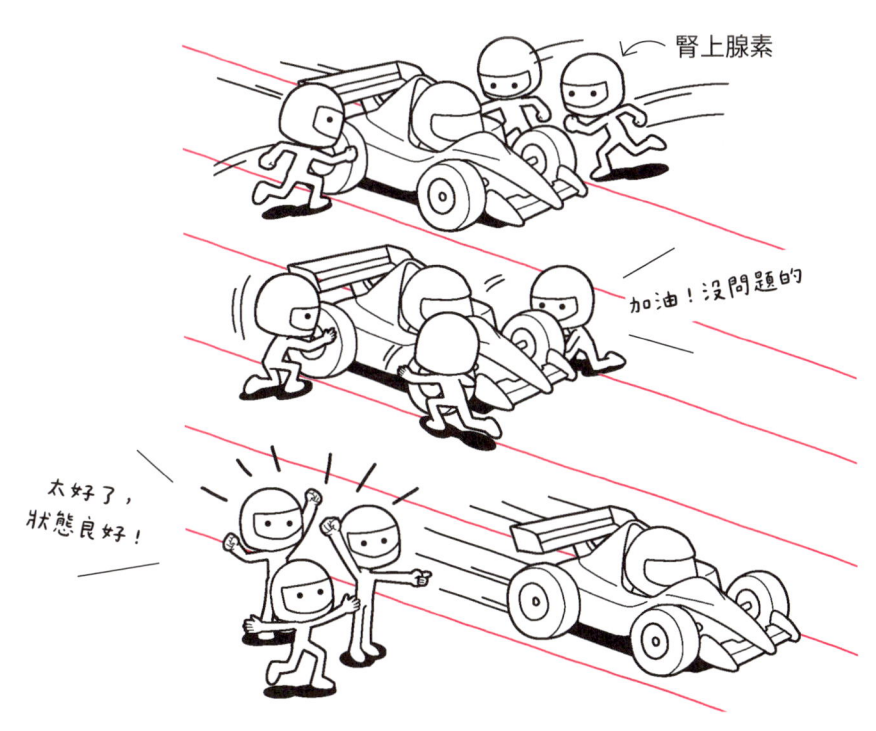

↙ 腎上腺素

加油！沒問題的

太好了，狀態良好！

就像賽車車隊的機械師能提升車輛的最大性能，
腎上腺素可以增強人體的功能。

類別 胺類激素

第3章 腎上腺皮質、髓質 × 激素

207

FILE. 177 正腎上腺素

noradrenaline

- **名稱由來**：英語中意為「正常」的「normal」與和腎上腺素（adrenaline）的複合語
- **主要功能**：心率或血壓上升、平息恐懼或憤怒等
- **相關物質**：多巴胺、腎上腺素等
- **相關部位**：腎上腺髓質、心臟、血管、神經系統等

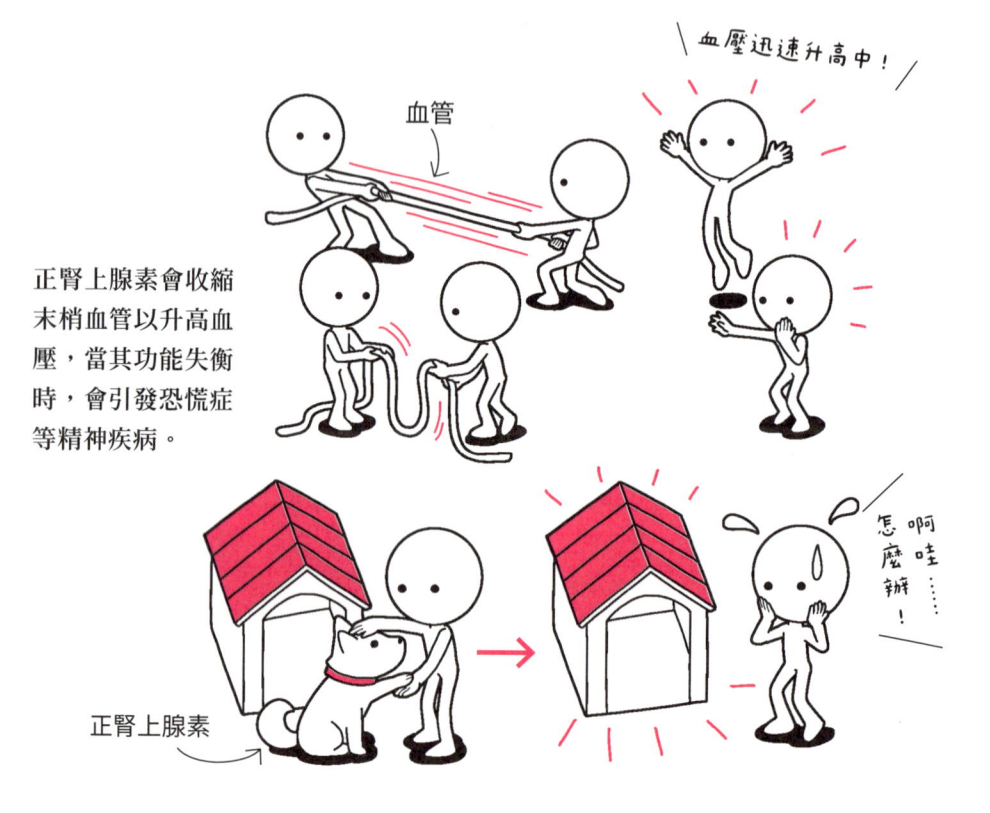

血壓迅速升高中！

血管

正腎上腺素會收縮末梢血管以升高血壓，當其功能失衡時，會引發恐慌症等精神疾病。

正腎上腺素

啊哇……怎麼辦！

　　正腎上腺素的作用與腎上腺素幾乎相同，但相互作用的受體有所不同。這兩種激素的受體有收縮血管的 α 型，以及提高心率的 β 型，腎上腺素主要作用於 β 型，正腎上腺素則作用於 α 型。此外，正腎上腺素在交感神經系統中扮演神經傳導物質的角色，可以透過平息恐懼或憤怒，對精神產生強烈的影響。相較之下，腎上腺素幾乎沒有精神上的效果。

類別 胺類激素

第 2 部　維持身體機能的物質

第4章

性腺 × 激素

男性的睪丸和女性的卵巢都會產生大量與生殖功能有關的激素，
特別是對於女性來說，在排卵和懷孕的期間，
像是促進乳汁分泌或維持穩定妊娠等，
能產生保護胎兒的作用。

INTRODUCTION

男性睪丸和女性卵巢分泌的激素

　　性腺是指男性的睪丸和女性的卵巢。由腦下垂體分泌的濾泡刺激素與黃體成長激素，控制著性腺的功能。
　　在男性中，濾泡刺激素有控制睪丸中支持細胞的功能，以促進精子形成。黃體成長激素則會刺激稱為男性荷爾蒙的睪固酮分泌。
　　在女性中，濾泡刺激素促進濾泡成熟，黃體成長激素的作用是為子宮內膜提供適合著床的環境。

在月經或懷孕期間發揮作用的激素

性腺分泌的激素依男女性別的差異,具有不同的生殖功能。雌激素與黃體素是女性卵巢分泌的代表性激素,兩者的主要特徵是血中濃度根據月經週期而有很大的波動。

雌激素會在青春期促進第二性徵,引起女性初經,終止骨骼末端軟骨的生長。另一方面,黃體素會刺激乳腺,為分泌乳汁做好準備,或是提高基礎體溫。黃體素是在排卵後由黃體分泌,但在懷孕期間也會從胎盤分泌,以維持正常懷孕的功能。

睪固酮所產生的影響

睪固酮是男性睪丸分泌的激素,在母親懷胎的胎兒階段,睪固酮能促進決定性別的第一特徵。到了青春期,睪固酮則是促進生殖器官成熟以及骨骼或肌肉發育的第二性徵。睪固酮在 50 歲左右開始衰退,導致肌力或性慾降低。因此,性腺激素在不同性別的生殖功能中發揮各種作用。

POINT
- 性腺(卵巢和睪丸)中的激素,對生殖功能發揮作用
- 月經週期對雌激素等物質的分泌量有很大的影響
- 睪固酮有助於確定胎兒時期的性別

FILE. 178 雌激素

estrogen

名稱由來	源自希臘文的「estrus」，為「性興奮」之意
主要功能	促進排卵、女性發育等
相關物質	雌二醇、雌酮等
相關部位	乳腺、卵巢、子宮等

第4章 性腺 × 激素

雌激素由卵巢分泌，在女性發育或調節月經週期發揮作用。雌激素是在促性腺激素等物質的影響下由膽固醇生成，代表性物質包括雌二醇、雌酮等。雌酮對女性特別重要，在排卵前一天會增加分泌，其分泌量以30天左右為週期波動，被認為與月經或發情週期等性週期有關。

我是成年的女性！

快到排卵日了

雌激素

雌激素促進子宮黏膜的發育或刺激排卵，影響女性的身心平衡。

雌激素

請收下！

雌激素能促進乳腺或子宮的發育，塑造女性化身材。

| 類別 | 類固醇激素 |

211

FILE. 179 黃體素

progesterone

名稱由來	源自拉丁文的「pro」（為了某件事之意）與「gest」（懷孕之意）的複合語
主要功能	維持妊娠、產後準備等
相關物質	白蛋白、雌激素等
相關部位	乳腺、卵巢、子宮等

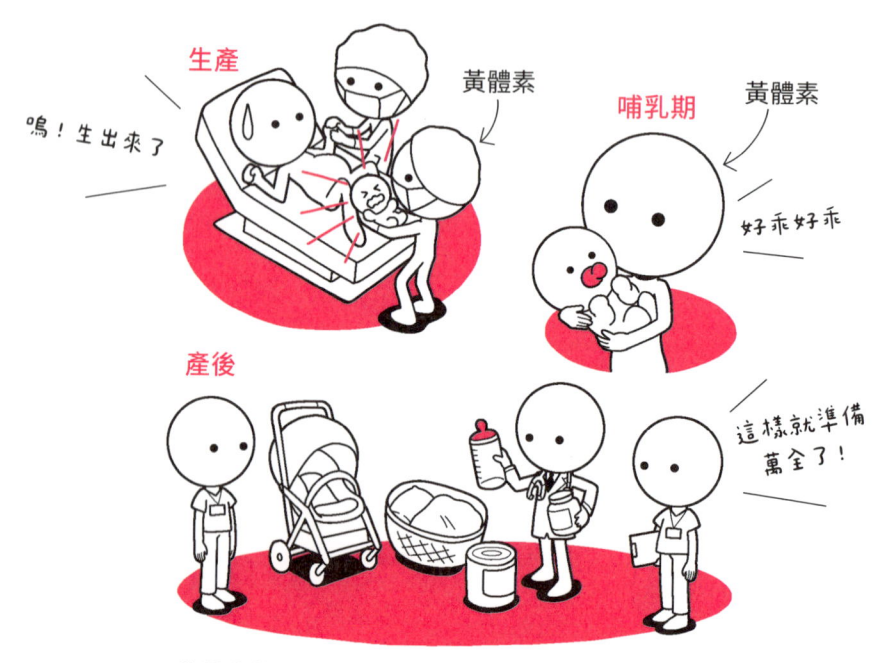

生產 — 黃體素
嗚！生出來了

哺乳期 — 黃體素
好乖好乖

產後
這樣就準備萬全了！

黃體素能促進子宮腺分泌，抑制子宮肌膜自發性運動，保護女性從懷孕到產後的身體狀態。

　　黃體素是由卵巢的黃體或胎盤所分泌的激素，是膽固醇第一個製造的物質，當黃體素釋放到血液時，會**與白蛋白或蛋白質結合**，透過雌激素促進合成的同時，黃體素本身則是抑制其自身的合成。黃體素的主要作用是維持妊娠和為產後做準備，可**促進子宮腺的分泌**，或是**抑制子宮肌膜的自發性運動**，也被認為與子宮肌瘤或子宮內膜異位症有關。

類別　類固醇激素

FILE. 180 抑制素／活化素

inhibin/activin

- **主 要 功 能** = 抑制卵子成熟，調節月經週期等
- **相 關 物 質** = 雌激素等
- **相 關 部 位** = 卵巢、子宮等

第 4 章　性腺 × 激素

　　抑制素與活化素是由卵巢的濾泡上皮分泌的激素，抑制素可**抑制促進卵子成熟的濾泡刺激素分泌**，並在排卵前減少分泌量。另一方面，活化素具有與抑制素相反的作用，其分泌量在排卵前最多，以調節月經週期。雖然這兩種激素具有拮抗作用，但尚無法確定抑制素的實際功能。

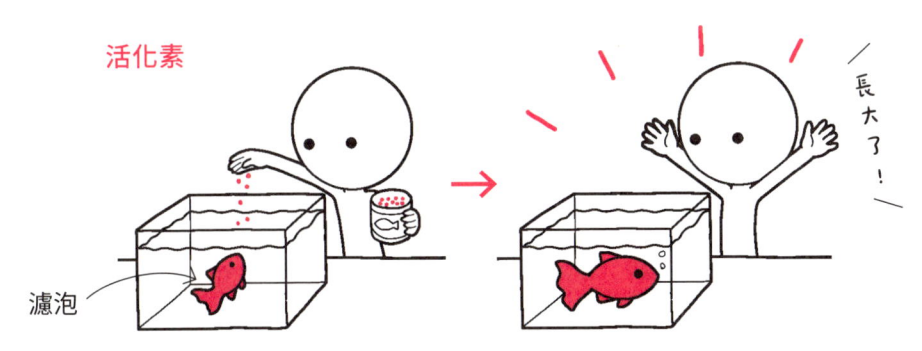

活化素

濾泡

長大了！

活化素能促進濾泡成熟

抑制素

魚兒還小，要帶到河川放生

濾泡刺激素

抑制素可抑制濾泡刺激素的分泌

類別　肽類激素

FILE. 181 鬆弛素

relaxin

名　稱　由　來	＝ 源自英文的「relax」，為「舒緩（緊張等）」之意
主　要　功　能	＝ 促使恥骨聯合關節變得鬆弛、擴張血管等
相　關　物　質	＝ 胰島素等
相　關　部　位	＝ 卵巢、子宮等

我好像快要生了！

別擔心，有鬆弛素陪妳

分娩前一定要做好充足的準備！

鬆弛素

透過放鬆恥骨結合與擴張子宮頸等，來為分娩做準備。

　　鬆弛素是由卵巢黃體或胎盤分泌的激素，在動物懷孕的晚期與人類懷孕的初期，鬆弛素會增加分泌的濃度。鬆弛素具有**放鬆恥骨聯合**或**擴張子宮頸**等作用，以準備進行分娩。然而，到了近年，鬆弛素擴張血管的能力也備受矚目，也有報告指出鬆弛素具有重建濾泡周圍結締組織，並促進濾泡破裂的作用，代表可能與**濾泡發育**或**排卵**息息相關。雖然鬆弛素被歸類為胰島素之一，但它並不像胰島素那樣具有降低血糖值的作用。

類別 肽類激素

FILE. 182 前列腺素

prostaglandin

- **名稱由來** = 初次被發現時，被認為是源自前列腺（prostate gland）
- **主要功能** = 收縮子宮，引起發燒或疼痛等
- **相關物質** = 磷脂、花生四烯酸等
- **相關部位** = 細胞、子宮等

第4章 性腺×激素

正確來說，前列腺素不是激素，而是一種**具有生理活性的脂質**，但它具有與激素相似的作用。一開始是細胞膜的磷脂經過作用後，產生了脂肪酸的花生四烯酸，在酵素的作用下進一步分離花生四烯酸，產生前列腺素。前列腺素有多種類型，但以 PGF2α 型對女性能發揮顯著的功能，除了**收縮子宮**的作用，在月經期間會將子宮內膜推出體外，或是在分娩初期有活化子宮運動的作用。

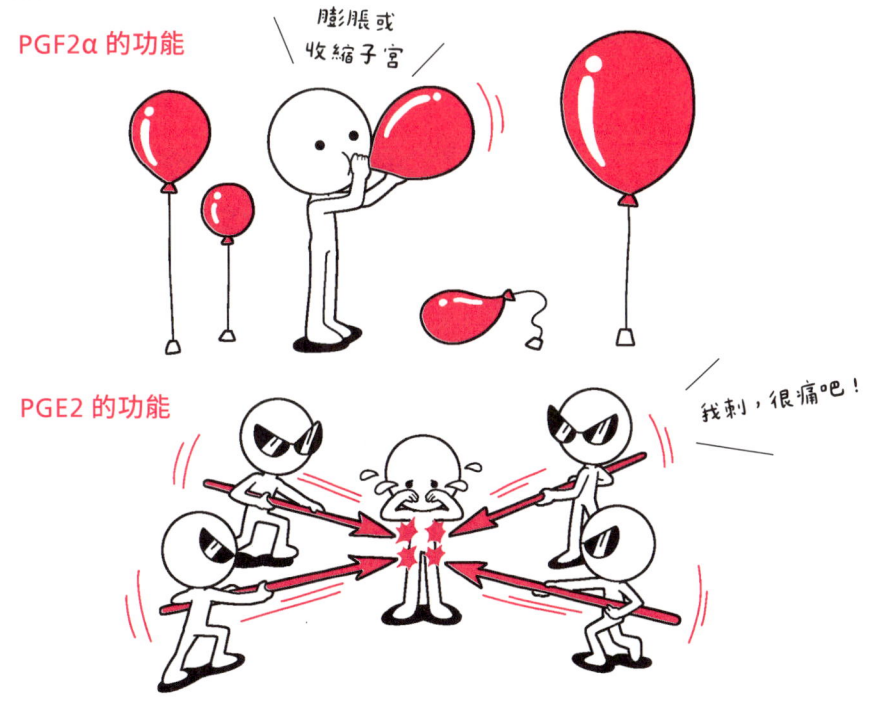

PGF2α 的功能

膨脹或收縮子宮

PGE2 的功能

我刺，很痛吧！

PGE2 是「前列腺素 E2（prostaglandin E2）」的縮寫，會引起發燒或疼痛。

類別 | **類固醇激素**

215

FILE. 183 睪固酮

testosterone

名稱由來	源自拉丁文的「testis」，為「睪丸」之意
主要功能	形成精子、增強肌肉、增加體毛等
相關物質	黃體素、支持細胞等
相關部位	肌肉、骨骼、睪丸、肝臟等

睪固酮是屬於泛指男性荷爾蒙的**雄激素之激素**，是由睪丸間質細胞分泌。膽固醇是生產睪固酮的原料，而睪固酮是在間質細胞（萊迪希細胞）產生，其最重要的作用是形成精子。當睪固酮進入睪丸時，也會進入細精管的支持細胞，並與蛋白質結合，增加精子的形成。此外，睪固酮還有助於增加肌肉量、養成粗壯的骨骼，或是增加體毛等。

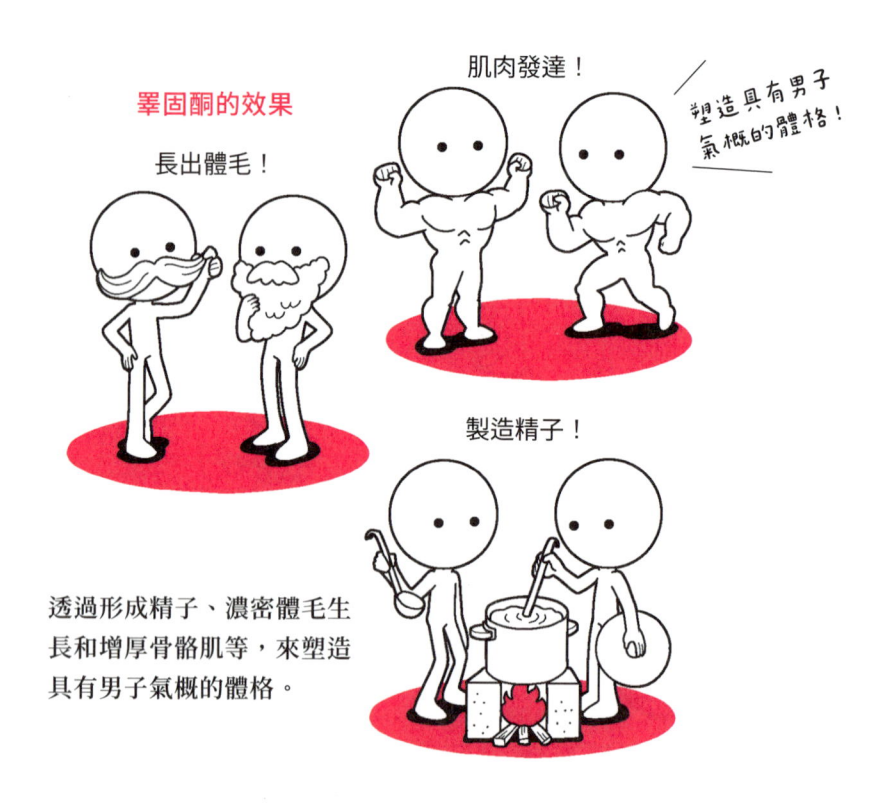

睪固酮的效果

長出體毛！

肌肉發達！

塑造具有男子氣概的體格！

製造精子！

透過形成精子、濃密體毛生長和增厚骨骼肌等，來塑造具有男子氣概的體格。

類別	類固醇激素

FILE. 184 二氫睪固酮

dihydrotestosterone

名稱由來	去除氫原子的「dihydro」與睪固酮（testosterone）的複合語
主要功能	增加體毛、增強肌肉等
相關物質	睪固酮、5α還原酶等
相關部位	肌肉、前列腺、精囊等

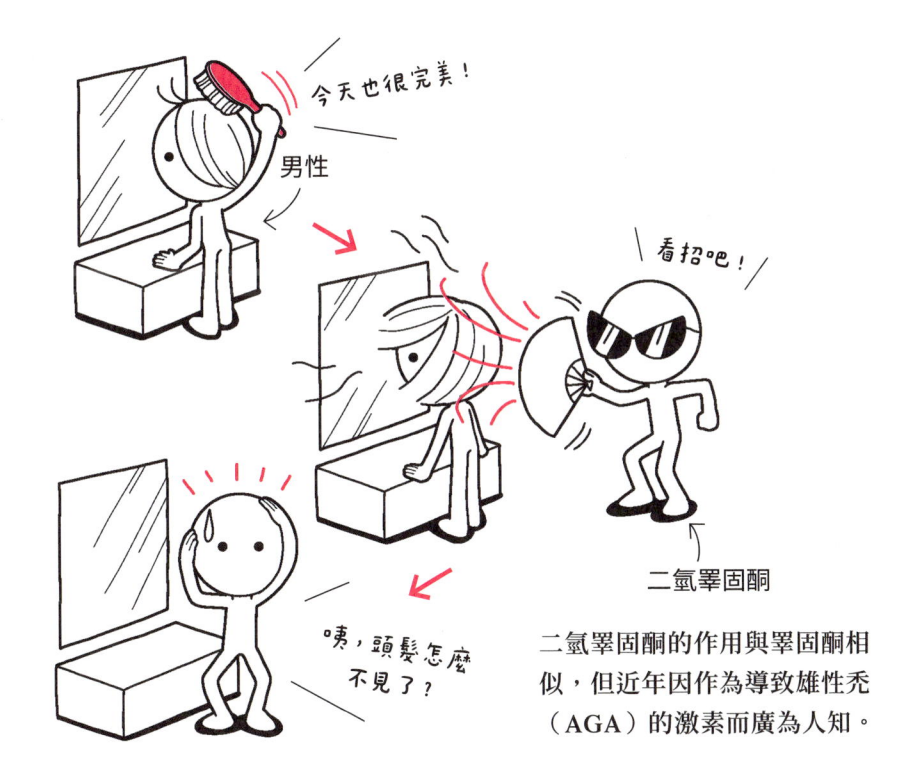

第4章 性腺 × 激素

今天也很完美！
男性

看招吧！
二氫睪固酮

咦，頭髮怎麼不見了？

二氫睪固酮的作用與睪固酮相似，但近年因作為導致雄性禿（AGA）的激素而廣為人知。

　　二氫睪固酮是男性荷爾蒙的雄激素之一，由前列腺和精囊中的**睪固酮與5α還原酶之酵素轉化而成**，其作用與睪固酮幾乎相同，但**作為男性荷爾蒙的作用更強**，有助於塑造男性化的體格。近年來，二氫睪固酮被認為是導致頭髮稀疏、多毛症和前列腺肥大等男性特有疾病的原因，但並不代表它是不好的激素，二氫睪固酮對身體來說也是不可或缺的物質。

類別	**類固醇激素**

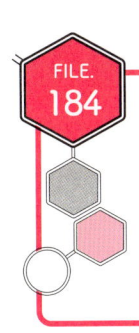

217

解說 胎盤激素

胎盤也會釋放激素，包括**人類絨毛膜促性腺激素**和**人類胎盤泌乳素**等都是代表性的例子，這些激素被稱為胎盤激素，與腦下垂體或卵巢分泌的激素具有相同的作用。

在懷孕的前三個半月，體內會分泌大量人類絨毛膜促性腺激素；懷孕超過四個月後，開始分泌黃體素、雌激素，以及與黃體素相同作用的人類胎盤泌乳素。胎盤激素的特徵，在於**體內的胎兒會對母親產生影響**。因此，在受到其他個體的影響下，不符合內分泌系統的定義。然而，由於作為物質產生作用的部位完全相同，便將胎盤激素歸類為激素。

人類絨毛膜促性腺激素是一種醣蛋白激素，其結構與腦下垂體產生的黃體成長激素和濾泡刺激素相似，主要作用是維持母親黃體為妊娠黃體，並促進黃體素的分泌。

另外，黃體是指成熟卵子排出體外後，在卵巢內發育的暫時性內分泌細胞。雌激素和黃體素為黃體分泌的激素，具有維持子宮運作的功能。

Lesson

驅使性慾產生的激素

在動物的世界裡，雄性會配合雌性的排卵週期提高性慾，也就是所謂的發情期。雄激素會增加雄性的性慾，對大腦和脊髓產生作用，產生發情狀態，據說雄激素也會引發人類男性的性慾。而在人類中，性行為和排卵不一定會同時發生，被認為是受到快感機制的影響。

第 2 部　維持身體機能的物質

第 5 章

內臟器官 × 激素

在分泌激素的器官中，
胰臟扮演特別重要的角色。
胰島素由胰臟中的胰島分泌，
是唯一能降低血糖值的激素。
此外，胃、腎臟或心臟等器官也會分泌發揮重要功能的激素。

INTRODUCTION

胰島是胰臟的分泌腺

　　胰臟是位於十二指腸與脾臟之間的扁平器官，內分泌由一大群稱為胰島的細胞負責。胰島含有豐富的微血管，由 α 細胞、β 細胞和 δ 細胞組成，每種細胞分泌不同的激素。α 細胞產生升糖素、β 細胞產生胰島素、δ 細胞產生體抑素。

　　此外，胰臟還有分泌消化酵素的外分泌部分，在十二指腸分泌含有消化酵素的胰液。

胰島素是唯一可以降低血糖值的激素！

　　胰島素是由胰島分泌的激素，在體內具有非常重要的功能。

　　胰島素主要作用於肝臟、肌肉和脂肪組織，讓葡萄糖經由細胞膜進入細胞，在肝臟或肌肉中會促進葡萄糖合成與累積為肝糖。此外，胰島素**在脂肪組織中會促進脂肪合成，並降低血糖值**，其特徵之一是作用於大多數的胺基酸。

　　透過上述胰島素的各種功能，可以降低人體的血糖值。另外，胰島素是唯一能夠降低血糖值的激素，因此是極具價值的激素，對維持人體生物功能扮演重要的角色。

激素配合內臟發揮功能

　　其他的內臟器官也會分泌激素，例如胃分泌的**胃泌素**、腸道分泌的**胰泌素、膽囊收縮素**等與食物消化相關的激素。其他像是腎臟分泌的**腎素**或**紅血球生成素**，心臟分泌的**心房利尿鈉肽**等，這些激素都有助於維持內臟的功能。

POINT

- ▶ 胰島控制血糖
- ▶ 降低血糖值的胰島素是維持生物功能的重要激素
- ▶ 各種內臟器官分泌的激素具有獨特的功能

FILE. 185 胰島素

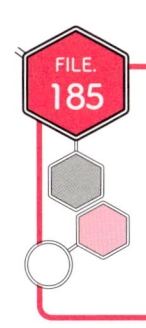

insulin

- **名稱由來** = 源自拉丁文的「insula」，為「島」之意
- **主要功能** = 降低血糖值、分解葡萄糖等
- **相關物質** = 葡萄糖、肝糖等
- **相關部位** = 胰臟、血液等

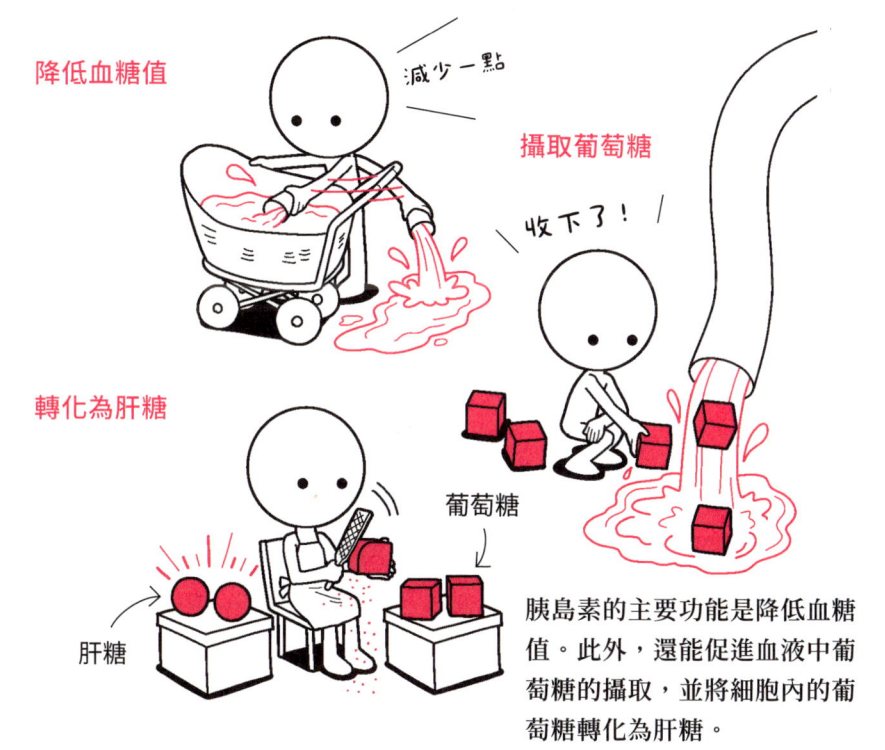

降低血糖值

減少一點

攝取葡萄糖

收下了！

轉化為肝糖

葡萄糖

肝糖

胰島素的主要功能是降低血糖值。此外，還能促進血液中葡萄糖的攝取，並將細胞內的葡萄糖轉化為肝糖。

　　胰島素是由存在於胰臟中的**胰島β細胞**所產生。雖然主要作用是**降低血糖值**，但它在人體中還扮演各種的角色。例如，胰島素可促進骨骼肌等部位的膜穿透性，讓血液中的葡萄糖被細胞攝取，並轉化為肝糖。此外，胰島素還能促進脂肪組織中的脂肪合成，以降低血糖值。由於胰島素幾乎作用於所有的細胞，是非常重要的激素。

類別 | 肽類激素

FILE. 186 升糖素

glucagon

名稱由來	源自希臘文的「gluc」，為「糖」之意
主要功能	血糖值上升、分解葡萄糖等
相關物質	胰島素、胰泌素等
相關部位	胰臟、肝臟、血液、消化管等

血糖值上升

升糖素對胰島素有拮抗作用，會讓血糖值上升，它也會影響胰島素等荷爾蒙的分泌。

血糖不夠了，要趕緊補充！

分泌激素

好乖好乖　　激素

胰島素牧場

　　當胰臟中的胰島 α 細胞偵測到血糖下降時，就會促使分泌升糖素。升糖素具有與胰島素相反的作用，會讓血糖值上升。與胰島素一樣，升糖素具有多種生理功能，例如在肝臟中會促進肝糖分解或糖質新生，加速胺基酸代謝。升糖素也會促進分泌消化道激素，但像是胰島素、體抑素和胰泌素的分泌則會受到抑制。

類別 肽類激素

FILE. 187 體抑素

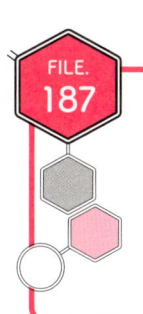

somatostatin

名稱由來	希臘文的「somato」（身體之意），和「stat」（恆定之意）的複合語
主要功能	抑制胃酸或胰液分泌、調節胰島素等激素分泌等
相關物質	胰島素、升糖素、葡萄糖等
相關部位	胰臟、胃等

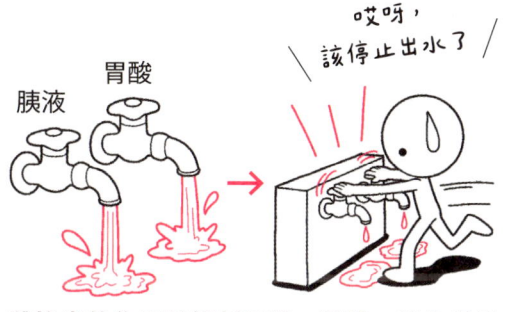

體抑素是由胰島中的 δ 細胞所分泌，可抑制胃酸或胰液的分泌，或調節胰島素或升糖素的分泌。體抑素的分泌量會根據胺基酸或葡萄糖的含量而變化。

體抑素的作用是抑制胃酸、胰液、消化道激素的分泌。

類別 肽類激素

FILE. 188 胰多肽

pancreatic polypeptide

名稱由來	源自胰臟產生的肽類激素
主要功能	調節消化道激素的分泌與食物攝取量等
相關物質	胰島素、升糖素等
相關部位	胰臟、胃、消化道等

胰多肽是由胰島的 PP 細胞所分泌，雖然其功能尚未完全獲得闡明，但有人認為胰多肽具有控制消化道分泌運動或食物攝取量的作用，從而抑制體重的增加。

胰多肽被認為具有抑制體重增加的作用。

類別 肽類激素

第 5 章 內臟器官 × 激素

FILE. 189 胃泌素

gastrin

- **名稱由來** = 源自希臘文的「gastr」，為「胃」之意
- **主要功能** = 促進鹽酸和胃蛋白酶原的分泌、調節血糖值等
- **相關物質** = 胰島素、升糖素等
- **相關部位** = 胃、胰臟等

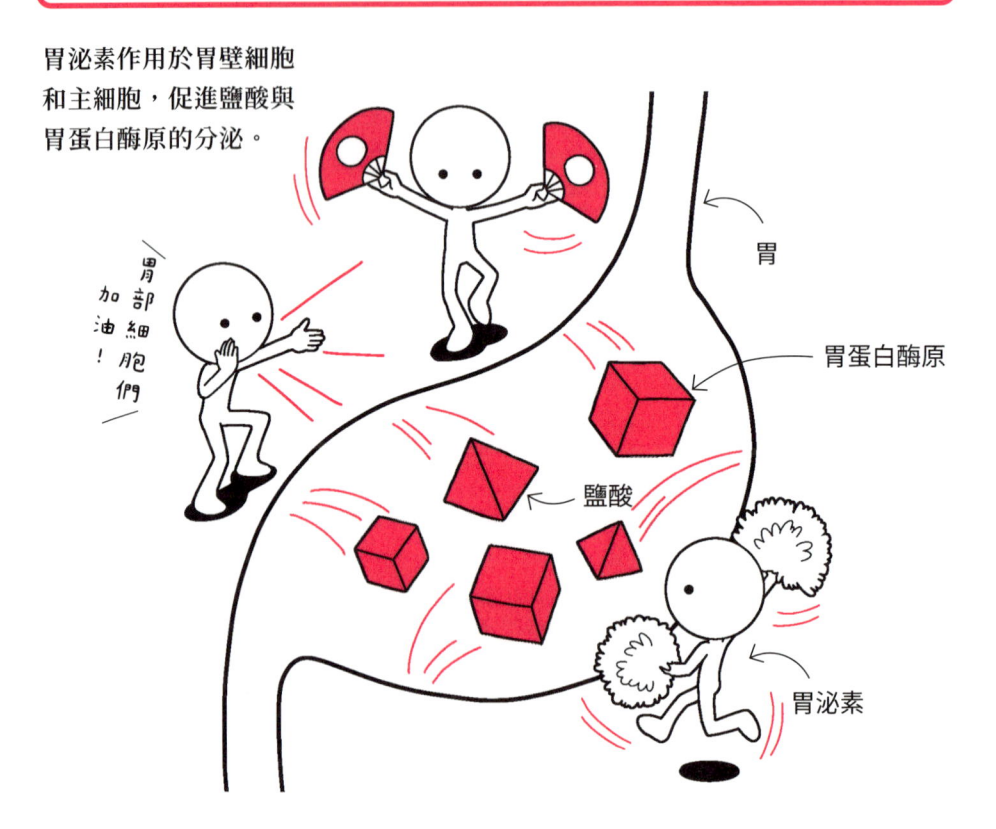

胃泌素作用於胃壁細胞和主細胞，促進鹽酸與胃蛋白酶原的分泌。

胃部細胞們加油！

胃
胃蛋白酶原
鹽酸
胃泌素

　　胃泌素是由胃中的幽門前庭部所產生的激素，**作用於胃壁細胞與主細胞**，以促進鹽酸和胃蛋白酶原的分泌。胃蛋白酶原會在酸性條件下轉化為消化蛋白質的胃蛋白酶。此外，胃蛋白酶原還能增加胰島的胰島素或升糖素的分泌，並與**調節血糖值**息息相關。體抑素或胰液素會抑制胃泌素的運作。

類別 肽類激素

FILE. 190 胰泌素

secretin

名 稱 由 來	由生理學家威廉・貝利斯與恩斯特・斯他林所命名
主 要 功 能	抑制胃酸分泌與腸道運動等
相 關 物 質	胰液等
相 關 部 位	胃、十二指腸、胰臟等

胰泌素由小腸的腺上皮細胞分泌，具有**抑制胃酸分泌**或腸道運動的作用。此外，當流入小腸的胃酸量增加時，胰泌素會促進胰液（重碳酸氫根離子）的分泌，從而中和胃液。

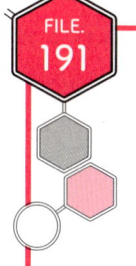

胰泌素具抑制或中和胃酸的作用。

類別 肽類激素

第 5 章 內臟器官 × 激素

FILE. 191 膽囊收縮素

cholecystokinin

名 稱 由 來	希臘文的「chol」（膽汁之意）和「cyst」（細胞之意）的複合語
主 要 功 能	分泌胰液、收縮膽囊等
相 關 物 質	膽汁、胰液、胰泌素等
相 關 部 位	胰臟、十二指腸、膽囊等

膽囊收縮素會在胰臟中的腺泡分泌含有多種消化酵素的顆粒，它在鹼性環境中被活化，可促進胰液（消化酵素）的分泌，有助於食物的消化。此外，膽囊收縮素也具有收縮膽囊的作用。

類別 肽類激素

膽囊收縮素可幫助消化食物。

225

FILE. 192 腸泌素

incretin

- **名稱由來**＝為胰島素分泌刺激因子「Intestine Secretion Insulin」的簡稱
- **主要功能**＝促進胰島素分泌等
- **相關物質**＝胰島素、GIP、GLP-1 等
- **相關部位**＝十二指腸、胰臟等

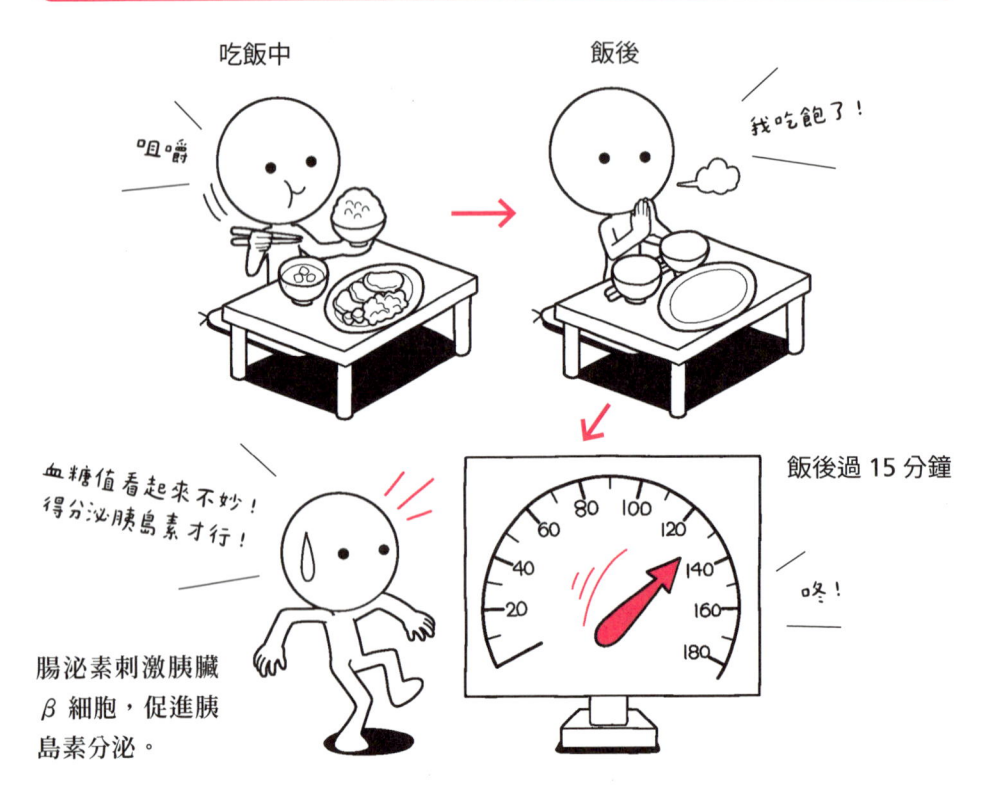

吃飯中　　　飯後

咀嚼　　　我吃飽了！

血糖值看起來不妙！得分泌胰島素才行！

飯後過 15 分鐘

咚！

腸泌素刺激胰臟 β 細胞，促進胰島素分泌。

　　腸泌素是促進胰島素分泌的**消化道激素總稱**，指的是胃抑制胜肽（GIP）與類升糖素胜肽 -1（GLP-1）等物質。腸泌素的血中濃度會在**飯後的幾分鐘至 15 分鐘內上升**，血糖值上升後會刺激胰島的 β 細胞分泌胰島素，目前有人活用此效果，正在研發運用腸泌素的糖尿病藥物。

類別　肽類激素

FILE. 193 胃動素

motilin

名 稱 由 來	源自英文的「moti」，為「運動」之意
主 要 功 能	收縮腸胃平滑肌、促進酵素分泌等
相 關 物 質	胃蛋白酶、澱粉酶等
相 關 部 位	胃、十二指腸、胰臟等

第 5 章　內臟器官 × 激素

空腹的時候

肚子好餓，感覺自己快死了……

在空腹時會分泌胃動素，對胃或十二指腸平滑肌的收縮產生作用。胃子咕嚕咕嚕地叫，是因為胃動素的作用所引起的。

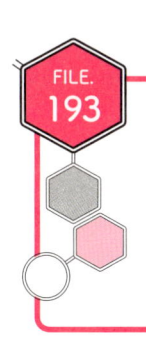

腹部裡面……

胃動素

胃動素是由小腸分泌的消化道激素，具有收縮腸道或平滑肌的作用。大多數的消化道激素是隨著食物進入胃以後而分泌，但胃動素是在**胃或小腸中沒有食物時才會分泌**。胃動素的釋放間隔約 100 分鐘，**當食物進入體內時，就會停止分泌**。此外，胃動素還可以加速胃蛋白酶或澱粉酶等酵素的分泌。

類別　肽類激素

227

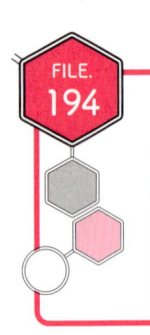

FILE. 194 心房利尿鈉肽（ANP）

atrial natriuretic peptide

- 名　稱　由　來 ＝ 在心房生物合成並具有利尿作用的肽類激素之意
- 主　要　功　能 ＝ 降低血壓等
- 相　關　物　質 ＝ BNP、CNP、醛固酮、腎素等
- 相　關　部　位 ＝ 心臟、腎臟等

　　心房利尿鈉肽是心臟所分泌的利尿鈉肽之一，它與 B 型利尿鈉肽（BNP）和 C 型利尿鈉肽（CNP）一同被稱為心臟激素。ANP 的生理功能是對腎臟的腎小管產生作用，促進水分或鈉的排出，並降低血壓。此外，心房利尿鈉肽也會抑制醛固酮或腎素的分泌。因此，ANP 不僅能被用來診斷心臟衰竭，還可以作為治療心臟衰竭的藥物。

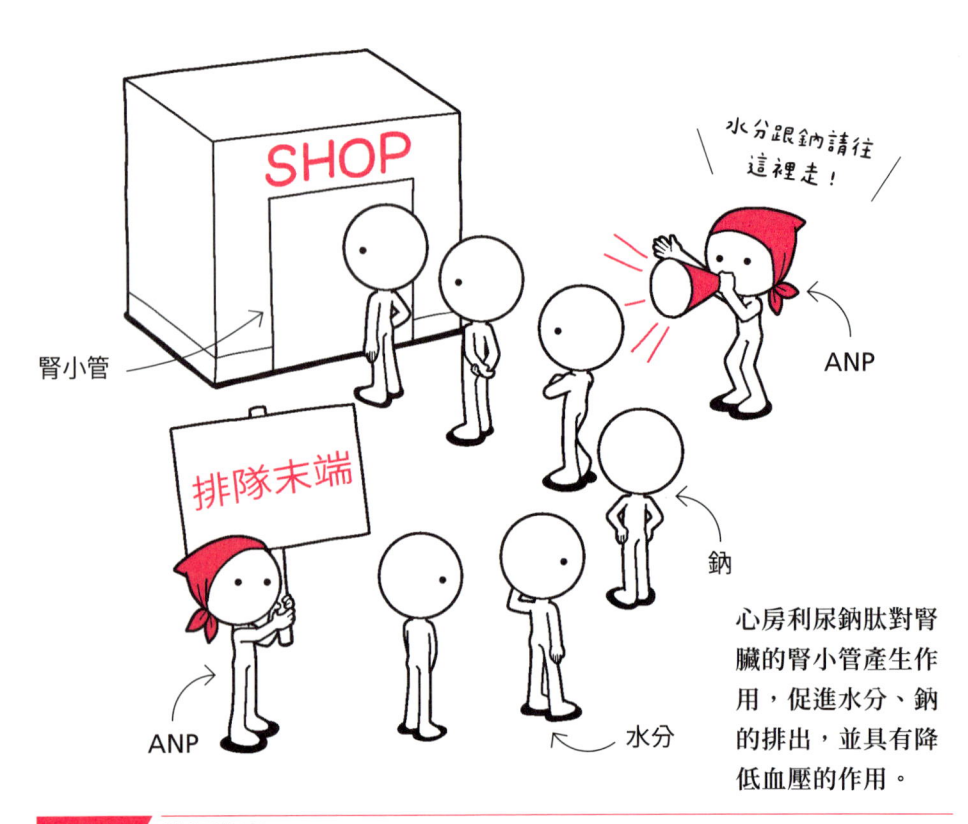

心房利尿鈉肽對腎臟的腎小管產生作用，促進水分、鈉的排出，並具有降低血壓的作用。

| 類別 | 肽類激素 |

FILE. 195 腎素

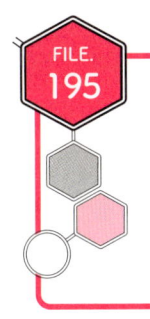

renin

名稱由來	源自腎臟的形容詞「renal」
主要功能	調節血壓、促進醛固酮分泌等
相關物質	血管收縮素Ⅰ、Ⅱ、醛固酮等
相關部位	腎臟、肝臟等

第5章 內臟器官 × 激素

腎素雖然是調節血壓的激素之一，但本身不會直接產生作用。腎素分解肝臟中產生的血管收縮素原，將其轉化為**血管收縮素Ⅰ**，接著流經血液並透過血管收縮素轉換酶的作用，變成**血管收縮素Ⅱ**。此物質有**很強的血管收縮作用**，能使血壓升高，還能促進**醛固酮的分泌**，從而增加鈉離子的再吸收。

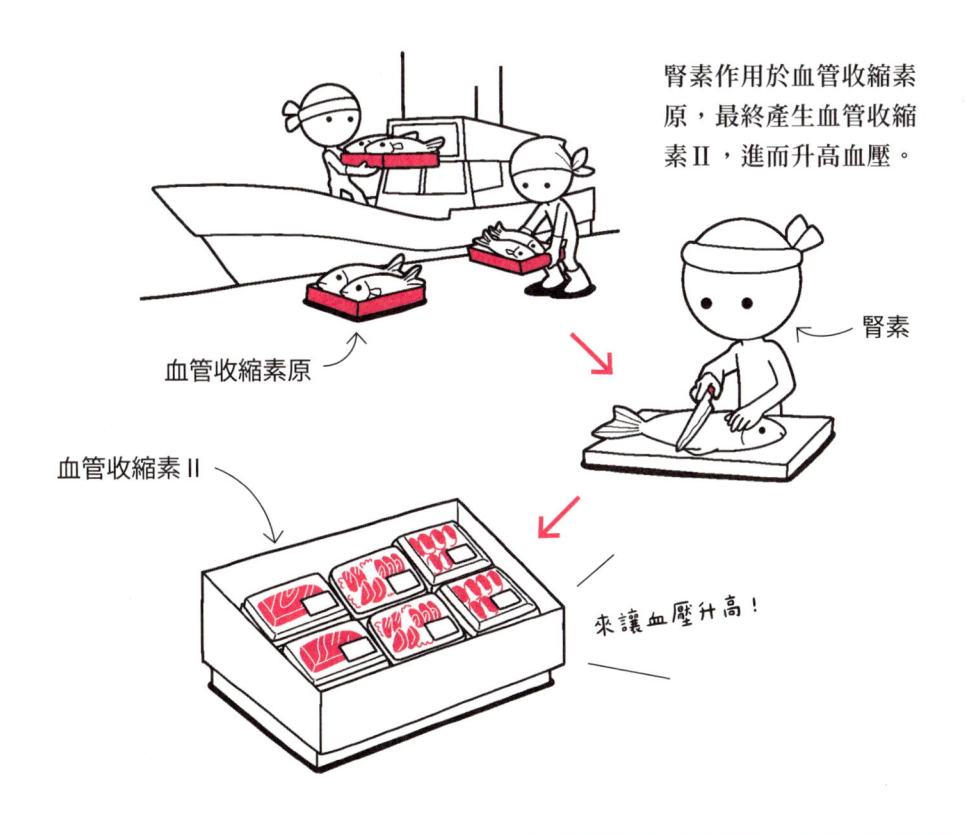

腎素作用於血管收縮素原，最終產生血管收縮素Ⅱ，進而升高血壓。

血管收縮素原

腎素

血管收縮素Ⅱ

來讓血壓升高！

類別 肽類激素

FILE. 196 紅血球生成素

erythropoietin

- **名稱由來** ― 源自英文的「erythro」，為「變成紅色」之意
- **主要功能** ― 產生紅血球等
- **相關物質** ― 造血幹細胞、紅血球母細胞等
- **相關部位** ― 腎臟、骨髓等

　　紅血球生成素是從腎臟分泌到血液的<u>紅血球生產激素</u>，紅血球生成素對於從造血幹細胞分化的紅血球前驅細胞產生作用，產生紅血球母細胞，即紅血球的前驅細胞。腎臟根據血液中的氧氣濃度來調節促紅血球生成素的分泌量，因此當腎功能下降時，產生紅血球的速度減慢，會導致貧血症狀。紅血球生成素被運用於研發改善這類症狀的藥物。

紅血球是透過數個階段而產生，紅血球生成素是引發此作用的激素。

類別 肽類激素

第 2 部　維持身體機能的物質

第6章

神經系統與其他的器官 × 激素

神經系統維持全身的功能,

並利用神經傳導物質傳遞訊息,

雖然其作用與激素的作用不同,

但有些激素是作為神經傳導物質產生作用。

神經系統與激素是相互連結的關係,

在兩者協力合作下得以維持生物的活動。

INTRODUCTION

在自律神經系統中發揮作用的腎上腺素

　　激素與神經系統共同作用,在維持人體體內恆定方面發揮重要作用。神經系統分為中樞神經系統和周圍神經系統,中樞神經系統由腦部和脊髓組成,周圍神經系統則由腦神經和脊椎神經組成。
　　自律神經系統是周圍神經系統之一,是獨立於人類意識之外運作的神經系統,又可分為讓身體處於活躍狀態的交感神經,以及讓身體處於放鬆狀態的副交感神經。當開啟交感神經的開關後,就會分泌腎上腺素,讓血壓升高並產生興奮感。

可充當神經傳導物質的激素

　　自主神經系統透過交感神經和副交感神經的相互開啟與關閉，來調節血液循環、呼吸、消化、體溫調節等功能，這時候**在神經之間傳遞訊息的物質稱為神經傳導物質**。神經傳導物質包括麩胺酸和γ-胺基丁酸（GABA）等蛋白質，但多巴胺或腎上腺素等激素也具有神經傳導物質的作用。由此可見，神經系統的功能與荷爾蒙是密不可分的關係。

　　例如，人在空腹的時候，下視丘會從周圍神經接收到「肚子餓了」的訊號，讓進食中樞感到興奮，讓人產生想吃東西的慾望，在進食時則會促進胰島素的分泌。自律神經系統和荷爾蒙共同作用，得以維持人體的生理活動。

乙醯膽鹼的特殊作用

　　在神經傳導物質之中，某些物質具有類似激素的作用，**乙醯膽鹼**是其中的代表例子。乙醯膽鹼最初的作用是作為自律神經系統中的神經傳導物質，但它如同激素，具有調節心臟、血管和消化道等功能。

POINT
- 神經系統與激素共同作用，維持人體的生理活動
- 激素作為神經傳導物質產生作用
- 乙醯膽鹼具有與激素類似的作用

FILE. 197 乙醯膽鹼

acetylcholine

- **名稱由來** = 代表醋酸乙酯的「acetyl」與膽鹼（choline）的複合語
- **主要功能** = 促進肌纖維收縮、神經傳遞、調節內臟等
- **相關物質** = 正腎上腺素等
- **相關部位** = 肌肉、心臟、消化道等

第6章 神經系統與其他的器官 × 激素

我們來自神經工廠！能完成大量的工作！

乙醯膽鹼是從突觸釋放的代表性神經傳導物質，它對骨骼肌和神經節有刺激作用，也與橫紋肌的收縮有關。

　　乙醯膽鹼主要是在運動神經與自主神經系統產生作用的**神經傳導物質**，自律神經系統有節前神經元與節後神經元的神經，這些神經元之間的連結稱為節。乙醯膽鹼由交感神經的節前神經元，以及副交感神經的節前和節後神經元所釋放，具有促進肌纖維收縮的作用，也具有**調節心臟、血管、消化道等多種內臟器官的功能**。因此，乙醯膽鹼被用來製成抗膽鹼藥物，可有效改善精神錯亂等心理症狀，以及便秘或頻尿等症狀。

FILE. 198 大麻素

cannabinoid

名 稱 由 來	源自大麻之意的「cannabis」
主 要 功 能	增進食慾、舒緩疼痛等
相 關 物 質	花生四烯乙醇胺、2-花生四烯酸甘油等
相 關 部 位	心臟、腦等

大麻素是大麻植物中所含有的化學物質總稱，大麻植物含有超過60種的獨特成分。另一方面，人體具有調節身體機能的**內源性大麻素系統**，包括花生四烯乙醇胺和2-花生四烯酸甘油等10種大麻素，是受到認可的種類。大麻素被認為與免疫系統息息相關，近年來有研究指出，缺乏大麻素是造成**糖尿病或憂鬱症的原因**。

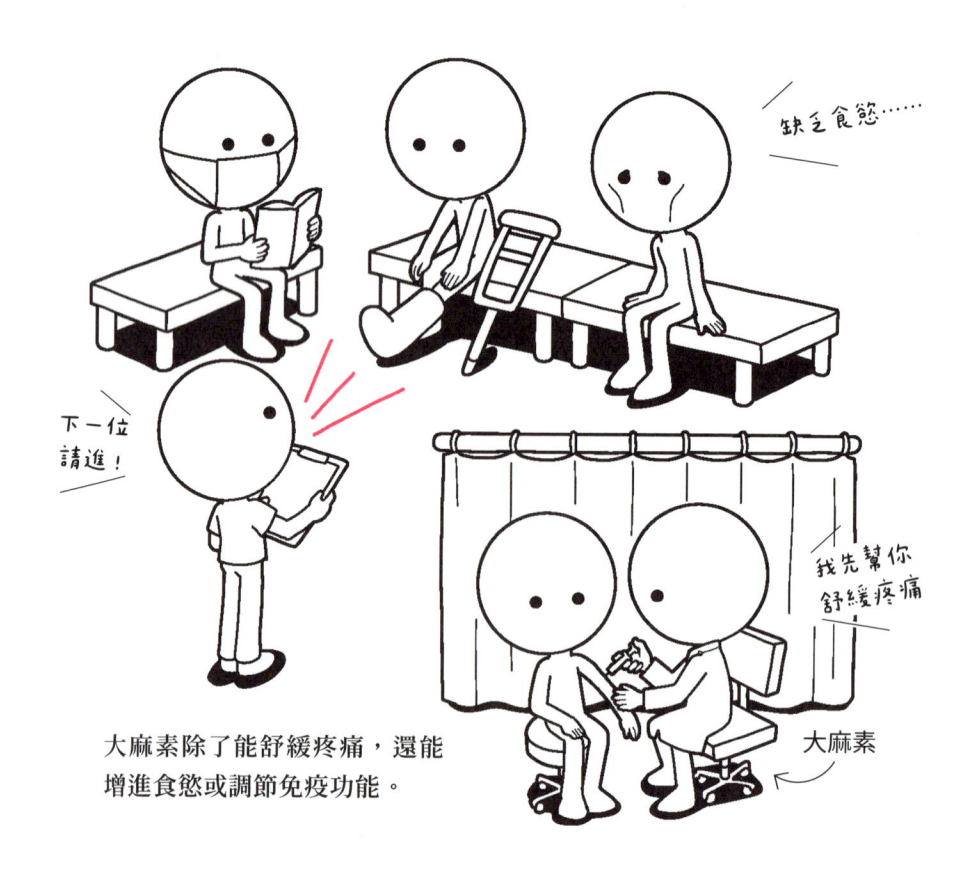

大麻素除了能舒緩疼痛，還能增進食慾或調節免疫功能。

FILE. 199 組織胺

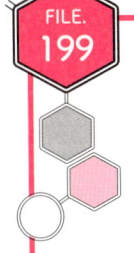

histamine

名稱由來	源自從組胺酸（histidine）產生
主要功能	降低血壓、過敏反應等
相關物質	組胺酸、催產素等
相關部位	胃、血管、心臟、腦等

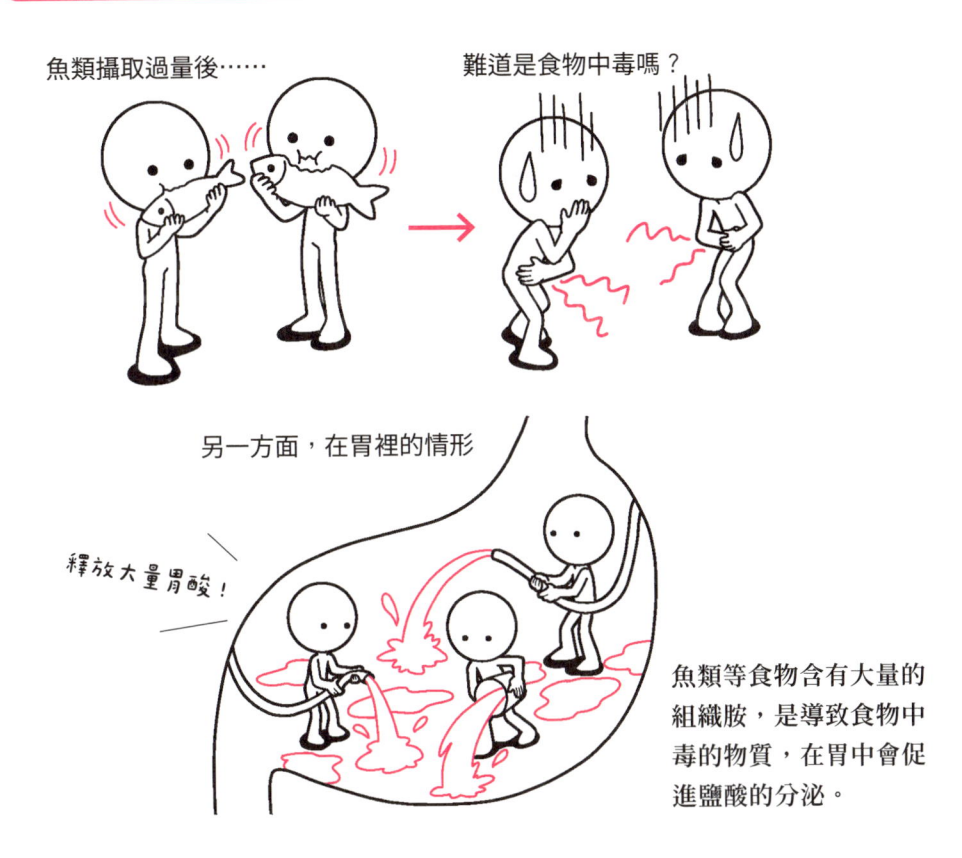

第 6 章 神經系統與其他的器官 × 激素

魚類攝取過量後……

難道是食物中毒嗎？

另一方面，在胃裡的情形

釋放大量胃酸！

魚類等食物含有大量的組織胺，是導致食物中毒的物質，在胃中會促進鹽酸的分泌。

　　組織胺是生物體中由胺基酸的組胺酸所產生的物質，存在於鯖魚、鱔魚、沙丁魚等魚類中。組織胺具有擴張血管、降低血壓的作用，並與過敏反應有所關聯。因此，攝取過量含大量組織胺的食物，有可能會引起食物中毒。此外，組織胺在神經組織中可作為神經傳導物質產生作用，促進催產素的分泌。

FILE. 200 髓鞘脂

myelin

名 稱 由 來	源自英文的「myelin」，為「髓質」之意
主 要 功 能	保護神經、加速電訊號傳播等
相 關 物 質	寡突膠質細胞、許旺細胞等
相 關 部 位	腦、脊髓、神經系統等

加速電訊號傳播

髓鞘脂

喝下髓鞘脂加快速度！

保護神經

需要建造一面牆來防護

髓鞘脂可增加神經的電訊號傳播速度。此外，還能在神經纖維和末梢組織之間築成牆壁，以產生保護的作用。

　　髓鞘脂是圍繞神經細胞的鞘狀結構物質，神經細胞分為接收訊息的樹突、具有細胞核的細胞體、輸出訊息的神經軸突三種，髓鞘脂則是在**神經軸突的周圍**形成。髓鞘脂除了有保護軸突的功能，它還具有在神經纖維和周邊纖維之間築成牆壁以產生保護的作用。此外，髓鞘脂還能**加快神經的電訊號傳輸到身體其他部位的速度**。

FILE. 201 胸腺激素

thymic hormone

名稱由來	因胸腺所分泌而得名
主要功能	促進 T 細胞成熟等
相關物質	胸腺肽、胸腺素等
相關部位	胸腺、淋巴球等

第 6 章 神經系統與其他的器官 × 激素

　　胸腺是位於胸骨後側的組織，胸腺激素是指胸腺分泌的激素，代表性物質為**胸腺素**或**胸腺因子**，這兩種激素共同在 T 細胞的生長和成熟過程中發揮作用。T 細胞在免疫系統中能發揮擊敗細菌和病毒的功能，但當它們由淋巴球產生時，由於處於未分化狀態，因此在胸腺中生長是不可或缺的過程。有人認為，胸腺激素的作用會隨著人類成年而減弱，造成身體免疫功能衰退。

　　胸腺激素是指胸腺素（thymosin）與胸腺生成素（thymopoietin）等多種肽類激素的總稱。它能使由淋巴球產生的胸腺細胞成熟為 T 細胞。

第 2 部　維持身體機能的物質

第 7 章

基因

透過父母遺傳給孩子的基因，
形成身體的特徵。
基因是指DNA內部寫入的密碼，
由4種物質產生2萬5千種類型。
基因根據其密碼產生構成人體的蛋白質。

INTRODUCTION

構成基因的4種物質

　　基因就像是父母將細胞傳給孩子時的說明書，上面寫著「請製造某某蛋白質」的密碼。
　　動物是由眾多細胞集合所組成，細胞含有稱為細胞核的胞器，細胞核內有染色體。染色體是由 DNA 包覆組織蛋白的蛋白質，所組成的棒狀物質。DNA 由腺嘌呤、胞嘧啶、胸腺嘧啶和鳥嘌呤之四種分子組成，它們鍵結在一起形成鏈狀結構。

DNA ≠ 基因！

　　DNA 根據腺嘌呤、胞嘧啶、胸腺嘧啶和鳥嘌呤的不同排列方式，創造許多密碼。經常被誤解的是，DNA 本身並不是基因的原貌，而是指基因之中被寫入密碼的特定區域。

　　構成人體的 DNA 中約有 2 萬 5 千種基因，人類的基因創造了各種個體差異，包括種族、骨骼結構、聲音和眼睛顏色等差異。

製造基因的過程

　　寫入基因的密碼從 DNA 轉錄為 RNA，然後傳遞給蛋白質，此流程稱為中心法則，而基於遺傳密碼所產生的蛋白質，在體內產生的作用稱為基因表現。

　　在人體之中，寫入 DNA 的遺傳密碼會被複製到信使核糖核酸中，此過程稱為轉錄。轉錄的密碼由名為核糖體的轉譯裝置解碼，並合成為蛋白質，此反應稱為轉譯。在這個過程中，胺基酸是根據三個編碼序列（稱為密碼子）的相應組合接合起來的。

POINT
- 基因就像是傳達「製造某某蛋白質」指令的說明書
- 透過腺嘌呤、胞嘧啶、胸腺嘧啶和鳥嘌呤的排列產生密碼
- DNA被轉錄成RNA，並轉譯為蛋白質

DNA（去氧核糖核酸）

FILE. 202

deoxyribonucleic acid

名　稱　由　來	源自於去氧核糖（五碳醣）、磷酸和鹼基所組成
主　要　功　能	產生與傳遞遺傳資訊等
相　關　物　質	腺嘌呤、胞嘧啶、胸腺嘧啶、鳥嘌呤等
相　關　部　位	細胞等

　　DNA 的正式名稱是去氧核糖核酸，它是建立或傳遞生物遺傳訊息的重要物質。DNA 是含有腺嘌呤、胞嘧啶、胸腺嘧啶、鳥嘌呤之四種鹼基的高分子化合物，具有雙螺旋結構，分別由一對腺嘌呤和胸腺嘧啶，以及鳥嘌呤和胞嘧啶組成，也稱為鹼基互補配對，是 DNA 的特徵之一。在闡明 DNA 複製或蛋白質合成的機制時，此結構提供了有利線索。

構成 DNA 的四種分子

腺嘌呤
將氰化氫和氨混合，經加熱後合成的分子。

胸腺嘧啶
透過氫鍵與與腺嘌呤結合，並在 DNA 上形成配對。

胞嘧啶
脫氨後它會轉化為構成 RNA 的尿嘧啶。

鳥嘌呤
透過鹽酸與亞硝酸的作用產生黃嘌呤。

FILE. 203 DNA 拓撲異構酶

DNA topoisomerases

名稱由來	源自希臘文的「topos」,為「場所」之意
相關功能	複製 DNA 資訊、解除結構等
相關物質	依瑞諾丁（Irinotecan）、解旋酶等
相關部位	細胞等

第 7 章 基因

扭轉在一起的 DNA

DNA 拓撲異構酶

終於獲得遺傳資訊！

DNA 拓撲異構酶的作用是解開 DNA 的雙螺旋結構，或是分開纏結的長鏈。

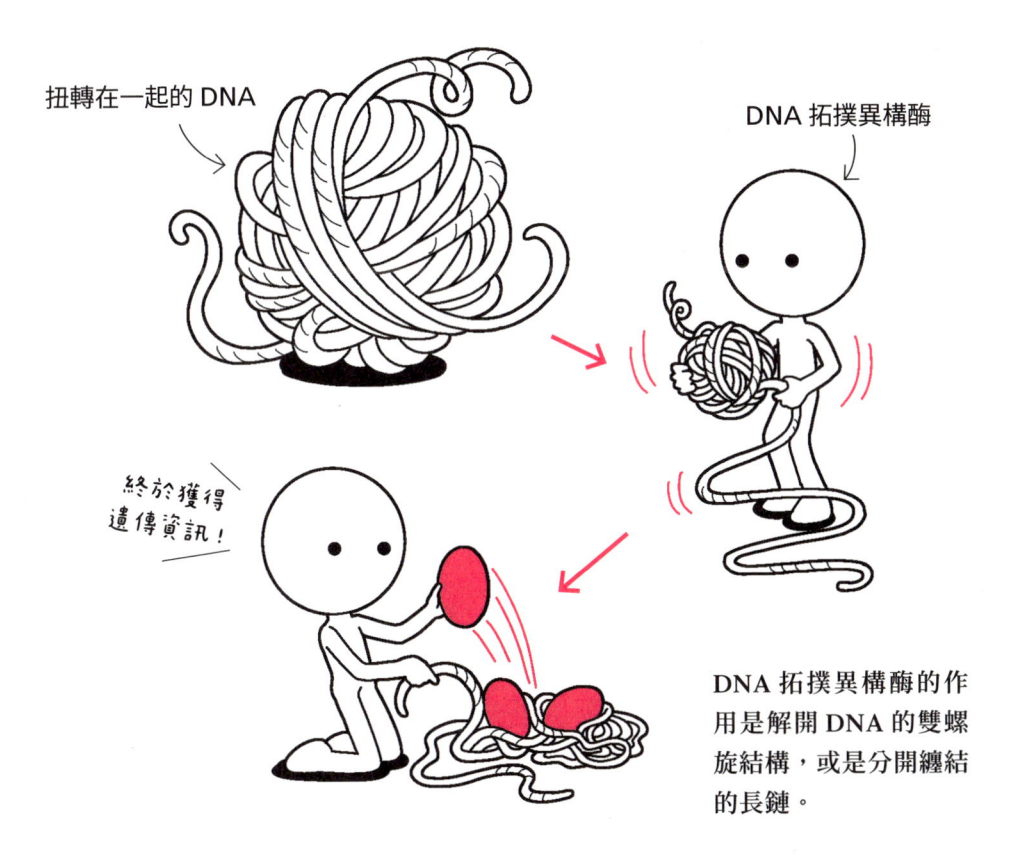

　　DNA 拓撲異構酶是在複製 DNA 資訊時發揮重要功能的物質，DNA 中的遺傳訊息位於雙螺旋結構的內側，必須從外側解開。當 DNA 被解開或纏繞時會產生扭曲，此狀態稱為 DNA 超螺旋，在這種情況下，DNA 拓撲異構酶能發揮活躍作用。拓撲異構酶大致分為 I 型與 II 型兩種，各自解開 DNA 的超螺旋結構，或是解除因扭曲而產生的纏結。

DNA 聚合酶

DNA polymerase

名 稱 由 來	= 源自「polymer」，為相同分子的集合體之意
主 要 功 能	= 複製 DNA 等
相 關 物 質	= 端粒酶、去氧核糖核苷三磷酸等
相 關 部 位	= 細胞等

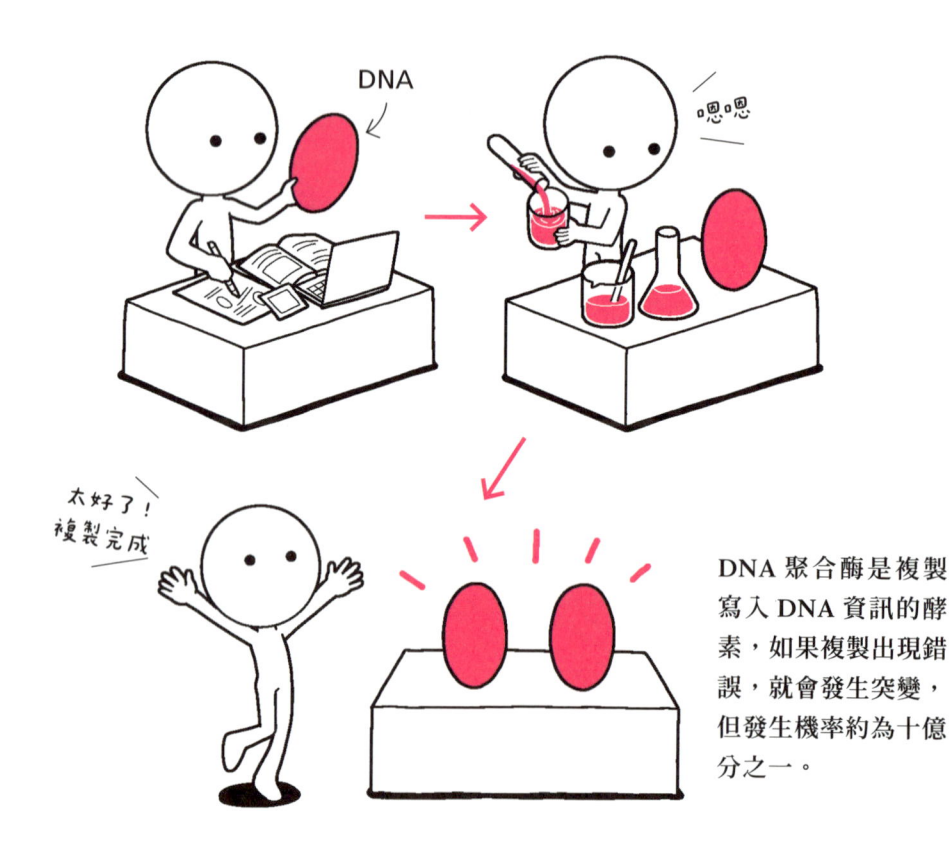

DNA 聚合酶是複製寫入 DNA 資訊的酵素，如果複製出現錯誤，就會發生突變，但發生機率約為十億分之一。

　　DNA 聚合酶是為了複製 DNA 資訊而發揮重要作用的酵素，DNA 複製是透過分離解開的雙螺旋結構，並將其複製到單側的鏈上，完成複製過程。DNA 聚合酶參與複製的作業，而在複製過程中出錯的機率約為十億分之一，精準度相當高。DNA 聚合酶分為五種類型，包括用於複製的 α、δ 和 ε 型，以及用於修復反應的 β 型與用來複製粒線體 DNA 的 γ 型。

解說　DNA 轉錄為 RNA 的機制

　　RNA 與 DNA 不同，在 RNA 的四個鹼基中，胸腺嘧啶被尿嘧啶取代。相較於 DNA 具有雙螺旋結構，RNA 呈單股螺旋狀。

　　在細胞內發揮作用的 RNA 分為數種，除了複製遺傳密碼的信使核糖核酸，還有識別信使核糖核酸的密碼子並搬運相應胺基酸的轉運核糖核酸，以及催化核糖體之核糖體核糖核酸等。

　　當 DNA 轉錄發生時，信使核糖核酸會經歷起始、伸長反應、終止三個階段。首先，透過 RNA 聚合酶讓信使核糖核酸產生延伸反應（起始）。當信使核糖核酸被拉長，並識別出名為啟動子的序列時，兩條 DNA 鏈開始解開。以單股 DNA 為模板，RNA 聚合酶開始合成信使核糖核酸（延伸反應）。當 RNA 聚合酶到達 DNA 上名為終止子的部位時，結束轉錄過程（終止）。

　　此外，基因還含有促進轉錄的強化子，和抑制轉錄的沉默子等序列。當蛋白質與這些序列結合時，就會產生活化子或抑制子之轉錄調節因子。

　　像這樣特定的酵素或因子參與了基因的複製或產生的過程，如果複製過程失敗，就會導致所謂的突變。為了維持人體正常的功能，基因的轉錄是不可或缺的過程。

> 反覆基因的轉錄的過程，就能複製重要的資訊！

信使核糖核酸

FILE. 205

messenger RNA

名稱由來	源自於傳遞 DNA 資訊
主要功能	傳遞 DNA 資訊
相關物質	RNA 聚合酶、核糖體等
相關部位	細胞等

將 DNA 轉化為 RNA 時被合成，具有傳遞 RNA 資訊的功能。

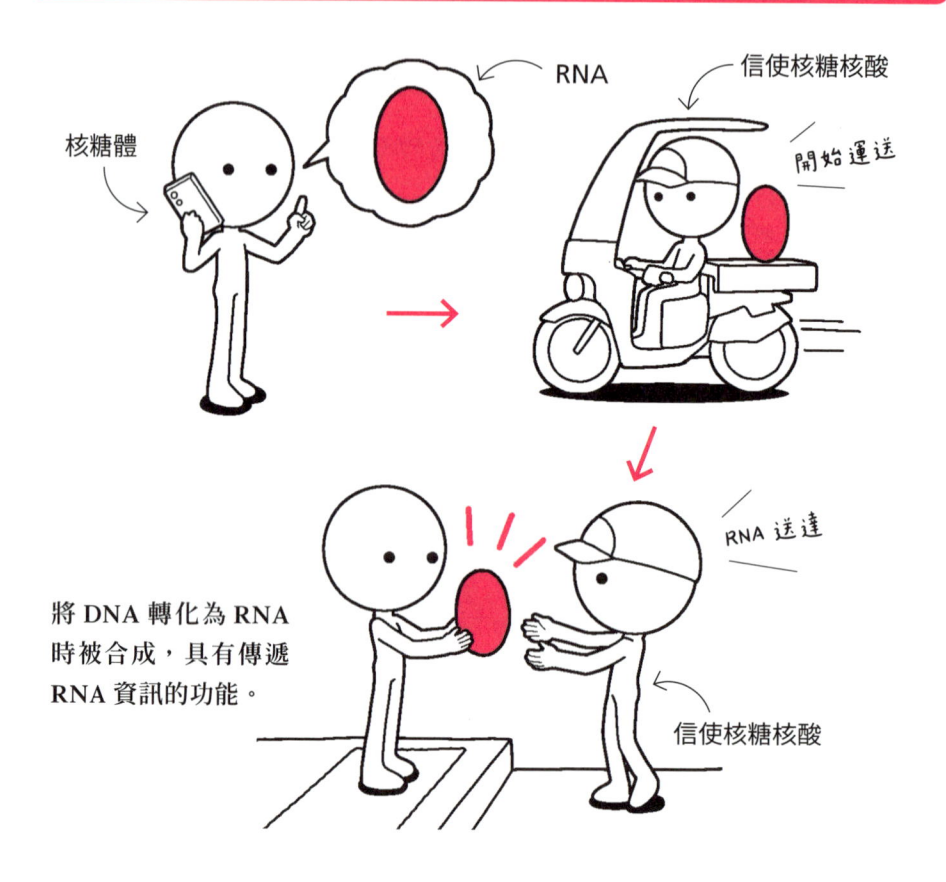

　　信使核糖核酸的作用是將複製的 DNA 訊息**傳遞到名為核糖體的胞器**。在將 DNA 轉化為 RNA 的「轉錄」過程中，RNA 聚合酶會水解核糖核苷三磷酸，並將其反覆與 RNA 分子結合，產生信使核糖核酸。一旦將訊息傳遞給核糖體後，mRNA 的任務就結束，在人體中大約 1 到 3 分鐘內會迅速分解，分解反應因生物而異。

FILE. 206 轉運核糖核酸

transfer RNA

名 稱 由 來	源自運輸 RNA 而得名
主 要 功 能	密碼子的解碼等
相 關 物 質	信使核糖核酸、核糖體等
相 關 部 位	細胞等

在依據寫入體內設計圖 RNA 中的指令時，轉運核糖核酸在製造蛋白質方面發揮重要作用。

請照這樣的方式連接！

轉運核糖核酸

蛋白質

胺基酸

轉運核糖核酸

　　轉運核糖核酸也稱為傳送核糖核酸、轉移核糖核酸等，在根據轉錄 RNA 中的資訊以製造蛋白質時的「轉譯」，發揮重要的作用。當信使核糖核酸傳遞資訊後，轉運核糖核酸就會將胺基酸轉運到核糖體。在這個時候，轉運核糖核酸是為了從 RNA 製造蛋白質時，用來**轉譯代碼「密碼子」設計圖裝置的一部分**。轉運核糖核酸透過多個受體臂來解讀密碼子，以結合對應密碼子的胺基酸。

FILE. 207 抑制子

repressor

- **名稱由來** = 源自英文的「repress」，為「壓制」之意
- **主要功能** = 阻礙基因的發現等
- **相關物質** = 啟動子、RNA 聚合酶、乳糖等
- **相關部位** = 細胞等

> 如果對所有物質都啟動轉錄，身體機能會失去平衡喔

抑制子

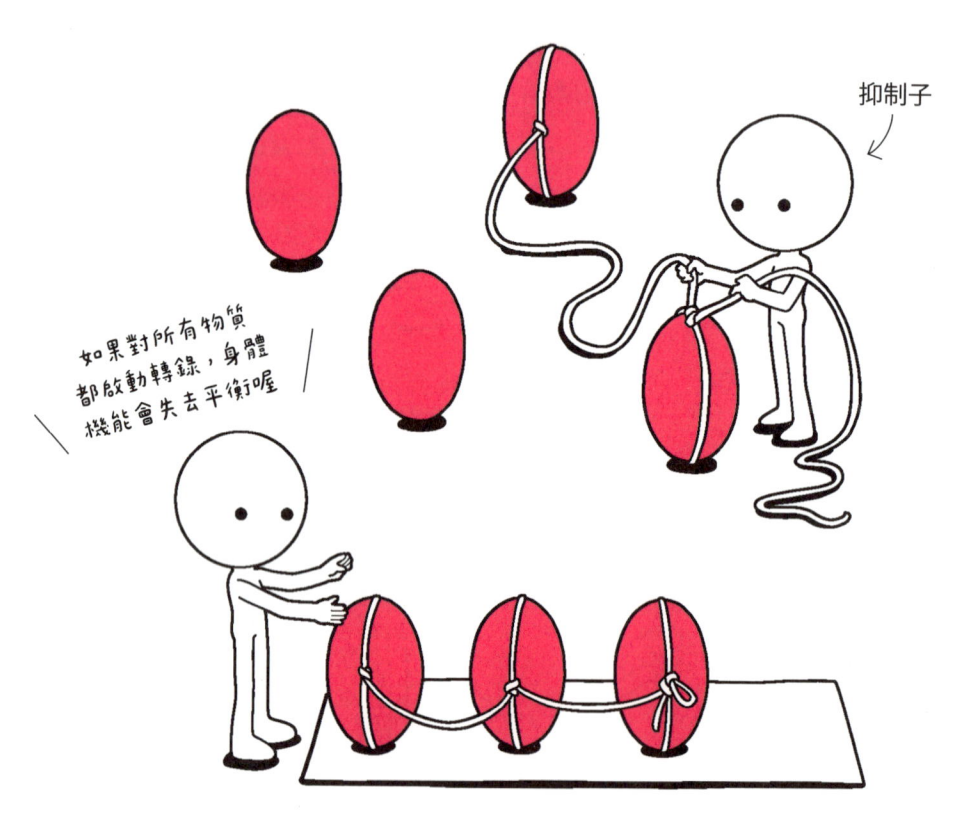

抑制子與 DNA 的啟動子區域結合，並抑制轉錄。

　　在 DNA 產生蛋白質的過程，抑制子是具有**阻礙基因發現**作用的物質，乳糖操縱子是作為抑制子的代表性物質。這種物質含有記錄分解乳糖所需蛋白質的基因，並與基因的**啟動子**之序列結合，以阻礙 **RNA 聚合酶**產生作用。透過抑制子的作用，得以調節代謝途徑。

FILE. 208 活化子

activator

名 稱 由 來	源自英文的「activate」，為「活性化」之意
主 要 功 能	增加基因轉錄等
相 關 物 質	RNA 聚合酶、啟動子、葡萄糖等
相 關 部 位	細胞等

第 7 章 基因

活化子幫助 RNA 聚合酶與啟動子區域結合，進而提高 DNA 的轉錄速度。

RNA 聚合酶

車子發不動了……

要加快速度了喔

活化子

這樣就能高速行駛了！

　　活化子在**增加基因轉錄**能發揮作用，代謝產物活化蛋白（CAP）是代表性物質。當葡萄糖含量較高的時候，CAP 會失去活性，無法與啟動子區域結合。然而，當體內葡萄糖不足的狀態下，CAP 開始與啟動子區域結合，還能結合將 DNA 資訊轉錄到信使核糖核酸的 RNA 聚合酶。活化子和抑制子合稱為**轉錄調節因子**。

FILE. 209 核糖核酸酶

ribonuclease

名稱由來	分解核糖核酸的酵素之意
主要功能	分解 RNA 等
相關物質	核糖核酸內切酶、核糖核酸外切酶等
相關部位	細胞等

核糖核酸酶是分解 RNA 的酵素，當病毒等外來性 RNA 入侵時會發揮活躍作用。

有害的 RNA

你在做什麼！我要逮捕你！

核糖核酸酶

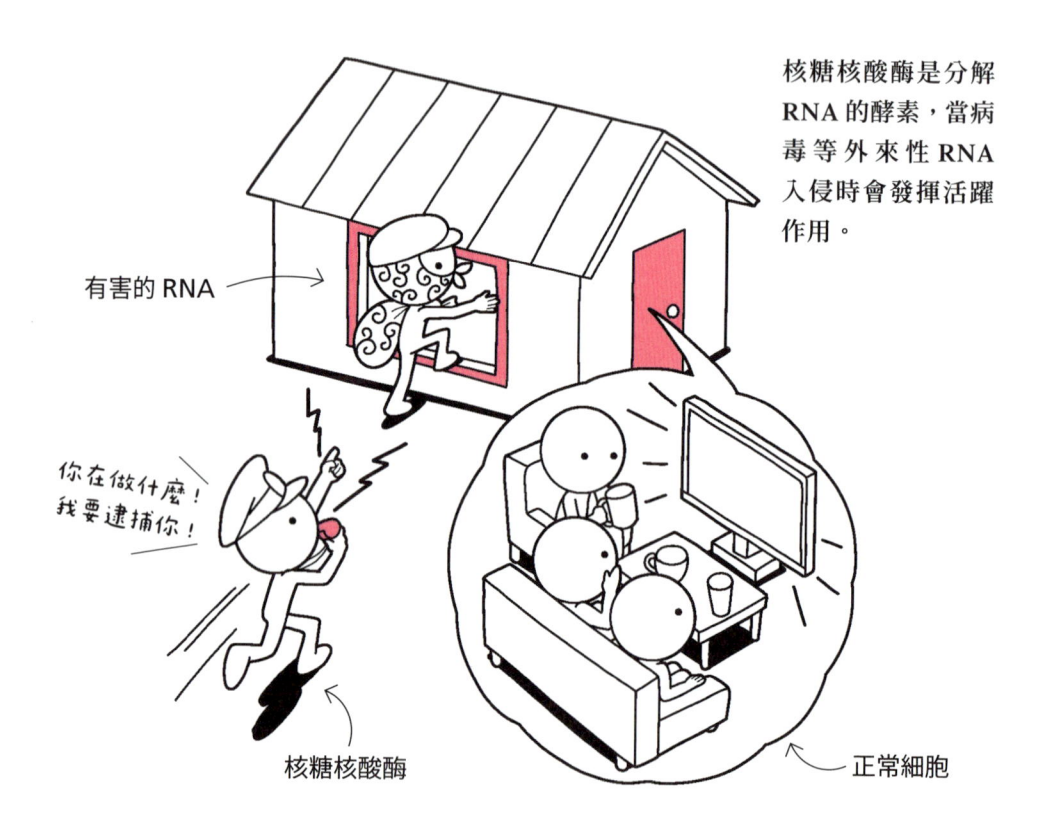

正常細胞

　　DNA 或 RNA 不僅存在於體內，還可以透過食物攝取。這時候，其中也包含像是病毒等有害的 RNA，為了對抗有害物質，稱為核糖核酸酶的酵素就會發揮作用，具有**切割基因鏈**的功能。核糖核酸酶有多種類型，其中某些種類會將基因鏈調整為適合切割的狀態，以促進 RNA 的成熟。

FILE. 210 去氧核糖核酸酶

deoxyribonuclease

名 稱 由 來	分解去氧核糖核酸的酵素之意
主 要 功 能	分解 DNA 等
相 關 物 質	去氧核糖核酸酶 I、去氧醣核酸酶 II 等
相 關 部 位	DNA、RNA 等

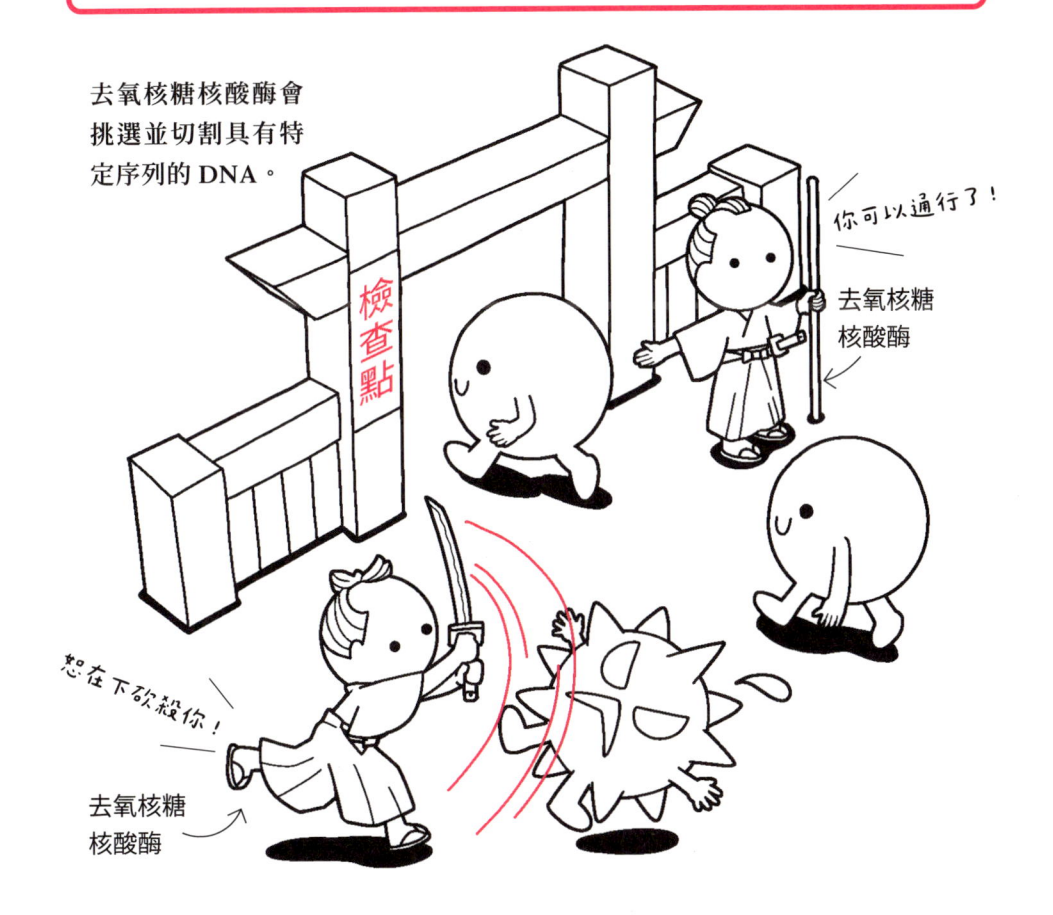

第 7 章 基因

去氧核糖核酸酶會挑選並切割具有特定序列的 DNA。

檢查點

你可以通行了！

去氧核糖核酸酶

恕在下砍殺你！

去氧核糖核酸酶

　　去氧核糖核酸酶是分解 DNA 的酵素，可大致分為從末端分解的核酸外切酶，以及從內部分解的核酸內切酶。另外，核糖核酸酶也被歸為此類。去氧核糖核酸酶可切割具有特定序列的 DNA，這時候會自我標記，以防止自身的 DNA 被切割，透過標記確保進行正常的分解。

249

你的身體，不可或缺的分子：賀爾蒙、營養素、基因、酵素……
210種維持人體機能的生物圖解
体をつくり、機能を維持する生体物質事典

作者	鈴木裕太	製版印刷	凱林彩印股份有限公司
監修	川畑龍史	初版1刷 2025年8月	
譯者	楊家昌		
責任編輯	林亞萱		
封面設計	張新御	ISBN	978-626-7683-27-9／定價 新台幣550元
版面編排	江麗姿	EISBN	9786267683248(EPUB)／電子書定價 新台幣413元
資深行銷	楊惠潔		
行銷主任	辛政遠	Printed in Taiwan	
通路經理	吳文龍	版權所有，翻印必究	
總編輯	姚蜀芸		
副社長	黃錫鉉	※廠商合作、作者投稿、讀者意見回饋，請至：	
總經理	吳濱伶	創意市集粉專 https://www.facebook.com/innofair	
發行人	何飛鵬	創意市集信箱 ifbook@hmg.com.tw	
出版	創意市集 Inno-Fair	版權宣告	
	城邦文化事業股份有限公司		
發行	英屬蓋曼群島商家庭傳媒股份有限公司	KARADA WO TSUKURI KINOU WO IJISURU SEITAI BUSSHITSU JITEN BY YUTA SUZUKI	
	城邦分公司	Copyright © 2022 YUTA SUZUKI	
	115台北市南港區昆陽街16號8樓	Original Japanese edition published by Socym Co., Ltd. All rights reserved. This Traditional Chinese edition was published by PCuSER Press, a division of Cite Publishing Ltd. 2025 by arrangement with Socym Co., Ltd. Through Future View Technology Ltd.	
城邦讀書花園	http://www.cite.com.tw		
客戶服務信箱	service@readingclub.com.tw		
客戶服務專線	02-25007718、02-25007719		
24小時傳真	02-25001990、02-25001991		
服務時間	週一至週五 9:30-12:00，13:30-17:00		
劃撥帳號	19863813　戶名：書虫股份有限公司		
實體展售書店　115台北市南港區昆陽街16號5樓			
※如有缺頁、破損，或需大量購書，都請與客服聯繫			
香港發行所	城邦（香港）出版集團有限公司		
	香港九龍土瓜灣土瓜灣道86號		
	順聯工業大廈6樓A室	國家圖書館出版品預行編目資料	
	電話：(852) 25086231	你的身體，不可或缺的分子：賀爾蒙、營養素、基因、酵素……210種維持人體機能的生物圖解/鈴木裕太著；川畑龍史監修；楊家昌譯. – 初版. -- 臺北市：創意市集出版：城邦文化事業股份有限公司發行,, 2025.08　面；　公分　譯自：体をつくり、機能を維持する生体物質事典　ISBN 978-626-7683-27-9(平裝)　1.CST: 自然科普 2.CST: 生物 3.CST: 營養學　399　　　　　　　　　　　　　　114006236	
	傳真：(852) 25789337		
	E-mail：hkcite@biznetvigator.com		
馬新發行所	城邦（馬新）出版集團Cite (M) Sdn Bhd		
	41, Jalan Radin Anum, Bandar Baru Sri Petaling,		
	57000 Kuala Lumpur, Malaysia.		
	電話：(603)90563833		
	傳真：(603)90576622		
	Email：services@cite.my		